インプレスR&D [NextPublishing]

技術の泉 SERIES
E-Book / Print Book

GoとSAMで学ぶ AWS Lambda

杉田 寿憲 著

環境構築からテストまでを
網羅するユースケース集！

目次

はじめに 4
サンプルコード 4
免責事項 4
表記関係について 4
底本について 5

第1章 環境構築 6
1.1 anyenv 6
1.2 anyenvupdate 7
1.3 goenvとGo 7
1.4 pyenvとPython 8
1.5 aws-cli 9
1.6 aws-sam-cli 10
1.7 saw 11
1.8 direnv 12
1.9 dep 12
1.10 gig 14

第2章 S3イベントの活用 16
2.1 S3 16
2.2 シーケンス 17
2.3 フォルダー構成 18
2.4 ソースコード 18
2.5 テスト 27
2.6 デプロイ 31
2.7 削除 35

第3章 SNSとSQSによるファンアウト 36
3.1 概要 36
3.2 SQS 36
3.3 SNS 37
3.4 シーケンス 38
3.5 フォルダー構成 39
3.6 ソースコード 39
3.7 テスト 46

3.8	デプロイ	51
3.9	削除	57

第4章　API GatewayとDynamoDBを使ったURL短縮サービス ……………………… 59
   4.1　概要 ……………………………………………………………………………………… 59
   4.2　API Gateway …………………………………………………………………………… 59
   4.3　DynamoDB ……………………………………………………………………………… 61
   4.4　シーケンス ……………………………………………………………………………… 62
   4.5　フォルダー構成 ………………………………………………………………………… 63
   4.6　ソースコード …………………………………………………………………………… 63
   4.7　テスト …………………………………………………………………………………… 74
   4.8　デプロイ ………………………………………………………………………………… 79
   4.9　削除 ……………………………………………………………………………………… 84

はじめに

　AWS Lambda自体がアナウンスされたのは2011年の11月です。AWS Lambdaの歴史の中でもGo言語のサポート開始は2018年1月とまだ日が浅く、他の言語に比べてサンプルコードの数が少ないのが現状です。そこで、Go言語やAWS Lambdaを利用した（チーム）開発をサポートするためのツールやその設定など、入門や運用のハードルを少しでも下げられるような情報を本書では提供します。

　本書ではAWS Lambdaの基礎となる概念にはあまり触れず、Goで開発するための周辺ツールのセットアップと3つのプロジェクトを通じて、AWS Lambdaでの開発を学んでいきます。AWSの公式のドキュメントにひととおり目を通し、シンプルなサンプルコードを動かした「次のステップ」を想定しています。

　内容の訂正や補足情報は、筆者のTwitter[1]やブログ[2]で発信する予定です。感想等もお気軽にいただけると励みになります。

　本書がAWS LambdaとGoでサービスを開発する方の助けになれば幸いです。

サンプルコード

　本書のサンプルコードはそれぞれの章ごとに公開しています。

- 第2章
  - https://github.com/toshi0607/s3-unzipper-go
- 第3章
  - https://github.com/toshi0607/s3-sns-sqs-lambda-slack-go-sample
- 第4章
  - https://github.com/toshi0607/url-shortener-lambda-go

免責事項

　本書に記載された内容は、情報の提供のみを目的としています。したがって、本書を用いた開発、製作、運用は、必ずご自身の責任と判断によって行ってください。これらの情報による開発、製作、運用の結果について、著者はいかなる責任も負いません。

表記関係について

　本書に記載されている会社名、製品名などは、一般に各社の登録商標または商標、商品名です。会社名、製品名については、本文中では©、®、™マークなどは表示していません。

---

[1] https://twitter.com/toshi0607
[2] http://toshi0607.com/

底本について

本書籍は、技術系同人誌即売会「技術書典5」で頒布されたものを底本としています。

第1章　環境構築

　本章では、次章以降で開発を行うための環境構築を行います。エディターの設定は省略しますので、お好きなものをお使いください。また、macOS（High Sierra）での開発を前提としますので、OSやバージョンに由来する差異は、適宜読み替えてください。

　次のツールのインストールと設定を行います。

- anyenv
- anyenvupdate
- goenv
- pyenv
- aws-cli
- aws-sam-cli
- saw
- direnv
- dep
- gig

1.1　anyenv

　anyenv[1]は、各言語のenvを統合管理するツールです。本書ではAWS Lambdaに処理を記述するGoに加え、AWSのサービスをコマンドライン操作するためのaws-cliが依存するPythonを利用します。そのため、各言語のenvを一括管理できるanyenvを利用することで、バージョン管理のコストが下がります。

　設定方法は次のとおりです。

```
$ git clone https://github.com/riywo/anyenv ~/.anyenv
$ echo 'export PATH="$HOME/.anyenv/bin:$PATH"' >> ~/.your_profile
$ echo 'eval "$(anyenv init -)"' >> ~/.your_profile
$ exec $SHELL -l
```

　.your_profileは使用するシェルに合わせて変更してください。たとえば、Zshを使う場合は.zshrcに記述してください。

---

1. https://github.com/riywo/anyenv

1.2 anyenvupdate

anyenvupdate[2]は、anyenvで管理している各言語のenvを一括してアップデートするツールです。各言語の新しいバージョンがリリースされたとき、多くはenvのアップデートが必要な実装になっています。今回のように2言語くらいであれば大きな差はないかもしれませんが、Node.jsも管理したい、などバージョン管理したい対象が増えるほど、各言語のenvをアップデートするのは大変なのでanyenvupdateを利用します。

設定方法は次のとおりです。

```
$ mkdir -p $(anyenv root)/plugins
$ git clone https://github.com/znz/anyenv-update.git $(anyenv root)/plugins/anyenv-update
```

次のコマンドで、各言語のenvを一括してアップデートできます。

```
$ anyenv update
```

1.3 goenvとGo

goenv[3]は、Goのバージョン管理のためのツールです。GitHub上には同名のリポジトリーが複数存在しますが、anyenv経由でインストールされる[4]のはsyndbg/goenvです。

anyenv配下で管理するため、次のコマンドでインストールします。

```
$ anyenv install goenv
$ exec $SHELL -l
```

Goをインストールする際には、anyenv経由でインストールしたgoenvを利用してインストールと設定を行います。

```
$ goenv install --list
```

2018年11月時点ではGoの最新のバージョンは1.11.2です。もしリリースされているバージョンが追加されていなければ、syndbg/goenvにプルリクエストを送りましょう[5]。数日以内にマージ、リリースされます。

---

2. https://github.com/znz/anyenv-update
3. https://github.com/syndbg/goenv
4. https://github.com/riywo/anyenv/blob/master/share/anyenv-install/goenv
5. https://github.com/syndbg/goenv/pull/49

インストールはバージョンを指定して行います。

```
$ goenv install 1.11.2
```

システム全体で利用する場合はglobalを、特定のディレクトリー配下のみに有効にする場合はlocalオプションをつけてバージョンを指定します。

```
$ goenv global 1.11.2
```

実際に設定されているバージョンは次のコマンドで確認できます。

```
$ goenv global
1.11.2
```

もし$GOPATHを設定していない場合は設定しておいてください。場所は任意ですが、筆者は次のように設定しています。

```
$ echo $GOPATH
/Users/toshi0607/dev/go
```

1.4　pyenvとPython

pyenv[6]は、Pythonのバージョン管理のためのツールです。設定方法と使い方はgoenvとほぼ同じです。

```
$ anyenv install pyenv
$ exec $SHELL -l
```

Pythonをインストールする際には、anyenv経由でインストールしたpyenvを利用してインストールと設定を行います。

```
$ pyenv install --list
```

2018年9月時点ではPythonの最新のバージョンは3.7.0です。このあと紹介するaws-sam-cliは

6.https://github.com/syndbg/goenv

Pythonを利用しており、サポートされているバージョンは2.7と3.6[7]とされています。しかし、本書で利用する範囲では3.7で問題は発生しなかったため、3.7を利用します。

バージョンを指定してインストールと設定を行います。

```
$ pyenv install 3.7.0
$ pyenv global 3.7.0
$ pyenv global
3.7.0
```

また、anyenvで各envでインストールしたバージョンと設定したバージョンを一覧できます。

```
$ anyenv versions
goenv:
* 1.11.2 (set by /Users/toshi0607/.anyenv/envs/goenv/version)
pyenv:
system
* 3.7.0 (set by /Users/toshi0607/.anyenv/envs/pyenv/version)
```

1.5　aws-cli

aws-cli[8]は、AWSの各サービスを操作するためのツールです。次項で紹介するsam-cliが依存しています。また、本書ではS3バケットの作成、DynamoDBテーブルの作成などで直接利用します。

インストールはPythonのインストール後に、次のコマンドで行います。

```
$ pip install awscli
```

インストールが終わったら動作を確認してください。各バージョンが表示されれば成功です。

```
$ aws --version
aws-cli/1.16.10 Python/3.7.0 Darwin/17.7.0 botocore/1.12.0
```

aws-cliを最新版にアップデートする際は、次のコマンドを実行します。

```
$ pip install --upgrade awscli
```

---

7. https://github.com/awslabs/aws-sam-cli#project-status
8. https://github.com/aws/aws-cli

AWSのサービスを操作するためにはクレデンシャルもセットする必要があります。次のコマンドを実行することで対話形式で設定することができます。

```
$ aws configure
AWS Access Key ID :
AWS Secret Access Key :
Default region name : ※本書ではap-northeast-1に設定されている前提で進めます
Default output format :
```

`--profile [username]`をつけて`aws configure`を実行すると、default以外のプロファイルを設定できます。awsのサブコマンドの実行時にも同じオプションをつけることで、名前付きプロファイルを使ったawsサービスの操作が可能です。

aws-cliが利用するクレデンシャルは`aws configure`以外にも複数あるため、正しく設定したはずが権限が足りない場合などは、他に設定されている箇所がないか確認しましょう。

クレデンシャルの優先順位[9]は次のとおりです。

1. コマンドラインオプション
2. 環境変数（`AWS_ACCESS_KEY_ID`、`AWS_SECRET_ACCESS_KEY`、`AWS_SESSION_TOKEN`）
3. ~/.aws/credentials
4. ~/.aws/config
5. タスク用のIAMロール
6. インスタンスプロファイルの認証情報

IAMユーザーの作成については、AWSの公式ドキュメント[10]を参考にしてください。AWSアカウントのルートユーザーではAWSにアクセスせず、個々のIAMユーザーを作成することが推奨されています。

1.6 aws-sam-cli

aws-sam-cliは、AWS Lambdaのローカル実行やデプロイなど、効率的な開発に必要となる様々な機能を提供するツールです。本書では全てのユースケースでaws-sam-cliを活用します。

aws-sam-cliはDocker、Python（2.7か3.6、ただし3.7でも本書の利用範囲であれば問題ありません）、aws-cliに依存しています。

Docker for Macをインストールしていない方は、Dockerの公式ページ[11]からダウンロードし、インストールしてください。

次のコマンドでインストールします。

```
$ pip install --user aws-sam-cli
```

---

[9] https://docs.aws.amazon.com/ja_jp/cli/latest/userguide/cli-chap-getting-started.html
[10] https://docs.aws.amazon.com/ja_jp/IAM/latest/UserGuide/best-practices.html
[11] https://store.docker.com/editions/community/docker-ce-desktop-mac

利用しているシェルの種類に応じたプロファイルにパスをセットします。

```
$ USER_BASE_PATH=$(python -m site --user-base)
$ export PATH=$PATH:$USER_BASE_PATH/bin
```

シェルを再起動してバージョンが表示されれば設定完了です。

```
$ exec $SHELL -l
$ sam --version
SAM CLI, version 0.6.0
```

使用方法は各ユースケースで紹介します。

インストールトラブルシューティング

　aws-sam-cliのインストールの際、2018年9月時点ではOpenSSL関連のエラーに遭遇するケースが一定数あるようです。筆者もその1人でした。
- OSをアップデートしたばかりであればXcodeをアップデートする
- 1.1系のOpenSSLをインストールしてpyenvをインストールし直す[12]

などを試してください。

```
$ brew install 'openssl@1.1'
$ CONFIGURE_OPTS="--with-openssl=$(brew --prefix openssl@1.1)" pyenv install 3.7.0
```

12.https://github.com/pyenv/pyenv/issues/1184

1.7　saw

　saw[13]は、CloudWatch Logsに出力されるログをターミナルに流すツールです。本書では各ツールの実行やAWSのサービス操作をすべてコマンドラインで実行するため、Lambdaの実行ログの確認もターミナル上で行います。

　次のコマンドでインストールします。

```
$ brew tap TylerBrock/saw
$ brew install saw
```

13.https://github.com/TylerBrock/saw

1.8 direnv

direnv[14]は、特定のディレクトリー配下の環境変数を管理するツールです。複数プロジェクトで同一名の環境変数を利用したり、プロジェクトを増やすたびにシェルのプロファイルに定義するのが不都合なときに活用できます。

本書では、プロジェクト単位で必要な環境変数のサンプルファイルに値をセットすれば設定できる利便性を考えて採用しています。

次のコマンドでインストールします。

```
$ brew install direnv
```

シェルにフックを設定します。editorは任意です。

```
$ export EDITOR=vim
$ eval "$(direnv hook zsh)"
```

環境変数を設定したいディレクトリーに移動し、次のコマンドを実行するとディレクトリー固有の環境変数が設定できます。

```
$ direnv edit .

# 設定したeditorで編集
# 通常の環境変数と同様にexportします
export HOGE=hoge
```

.envrcファイルを直接編集した直後など、.envrc is not allowedというエラーが表示される場合は、許可用のコマンドを実行してください。

```
$ direnv allow .
```

ディレクトリーを移動すると、direnvで設定した環境変数がアンロードされます。

1.9 dep

dep[15]は、Goの依存関係を管理するためのツールです。Go 1.11から新たな依存関係管理ツールとしてGo Moduleがサポートされました[16]が、現状は実験的な導入であるため今回はdepを採用します。

14.https://github.com/direnv/direnv
15.https://github.com/golang/dep
16.https://golang.org/doc/go1.11#modules

次のコマンドでインストールします。

```
$ brew install dep
```

次のコマンドでバージョンが表示されれば成功です。

```
$ dep version
dep:
version     : v0.5.0
build date  : 2018-07-26
git hash    : 224a564
go version  : go1.10.3
go compiler : gc
platform    : darwin/amd64
features    : ImportDuringSolve=false
```

次のコマンドを実行すると、依存関係を記述するためのファイル（Gopkg.toml）とロックファイル（Gopkg.lock）が生成され、すでにプロジェクトで利用しているライブラリーがあれば設定が記述されます。

また、vendor以下に依存するライブラリーがダウンロードされ、優先的に参照されます。

```
$ dep init
```

Gopkg.toml生成時にコメントアウトされたサンプルが出力されるので、ライブラリーを追加する際に参考にしてください。

```
# Gopkg.toml example
#
# Refer to https://golang.github.io/dep/docs/Gopkg.toml.html
# for detailed Gopkg.toml documentation.
#
# required = ["github.com/user/thing/cmd/thing"]
# ignored = [
#   "github.com/user/project/pkgX",
#   "bitbucket.org/user/project/pkgA/pkgY"
# ]
#
# [[constraint]]
#   name = "github.com/user/project"
#   version = "1.0.0"
#
```

```
# [[constraint]]
#   name = "github.com/user/project2"
#   branch = "dev"
#   source = "github.com/myfork/project2"
#
# [[override]]
#   name = "github.com/x/y"
#   version = "2.4.0"
#
# [prune]
#   non-go = false
#   go-tests = true
#   unused-packages = true
```

ソースコードとGopkg.toml、Gopkg.lockのみを取得して依存するライブラリーがダウンロードされていないときは、次のコマンドで指定バージョンのライブラリーがダウンロードできます。

```
$ dep ensure
```

1.10 gig

gig[17]は、GitHubのgitignoreリポジトリーを利用して.gitignoreファイルを生成するツールです（筆者作）。

次のコマンドでインストールします。

```
$ brew tap toshi0607/homebrew-gig
$ brew install gig
```

本書では次のコマンドのみ利用します。他にもGit管理しないファイルがあるので、プロジェクトごとに追記してください。

```
$ gig Go -f
# Binaries for programs and plugins
*.exe
*.exe~
*.dll
*.so
*.dylib
```

[17].https://github.com/toshi0607/gig

```
# Test binary, build with `go test -c`
*.test

# Output of the go coverage tool, specifically when used with LiteIDE
*.out
```

第2章 S3イベントの活用

2章からは、1章で紹介したツールを活用して開発したプロジェクトを見ながら、具体的にソースコードの意味やツールの活用方法を紹介します。実際に手を動かしながらコードを追ってみてください。

本章では、「**S3バケットにZipファイルがアップロードされたことをトリガーにして、LambdaでZipファイルを解凍し、別のS3バケットにアップロードする**」というユースケースを取り上げます。
そのために、次の項目を見ていきます。

・S3の概要とLambdaとの関係
・S3とLambdaを含むプロジェクトのSAMのテンプレート記述方法
・goenvの設定方法
・direnvの設定方法
・depの利用方法
・Lambdaのメインロジックのテスト方法
・Lambdaのハンドラーの類型
・SAMを利用したプロジェクトのデプロイ方法
・SAMを利用したプロジェクトの削除方法

2.1 S3

Amazon S3（Simple Cloud Storage Service）[1]はAWSが提供するオブジェクトストレージサービスです。「バケット」というリソースにオブジェクトとしてデータを保存します。
S3バケットは、S3のAPIに応じて次のイベントを発行します。

・s3:ObjectCreated:*
・s3:ObjectCreated:Put
・s3:ObjectCreated:Post
・s3:ObjectCreated:Copy
・s3:ObjectCreated:CompleteMultipartUpload
・s3:ObjectRemoved:*
・s3:ObjectRemoved:Delete
・s3:ObjectRemoved:DeleteMarkerCreated

---

[1] https://aws.amazon.com/jp/s3/

・s3:ReducedRedundancyLostObject

　このユースケースで利用する s3:ObjectCreated:Put 以外のイベントをトリガーに、Lambdaを起動することもできます。さらに、イベントの通知先としてLambda以外にもSQSとSNSがサポート[2]されています。

　イベントソースとなるサービスとLambdaは同一リージョンにデプロイされている必要があります。

2.2　シーケンス

図2.1: シーケンス図

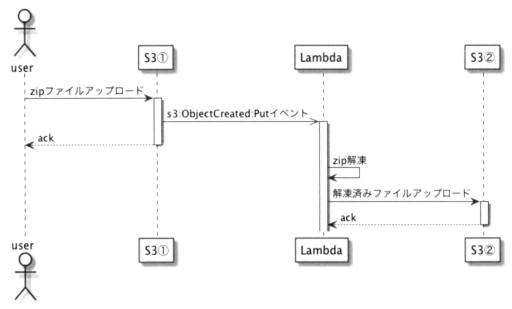

2.https://docs.aws.amazon.com/ja_jp/AmazonS3/latest/dev/NotificationHowTo.html

2.3 フォルダー構成

図2.2: フォルダー構成

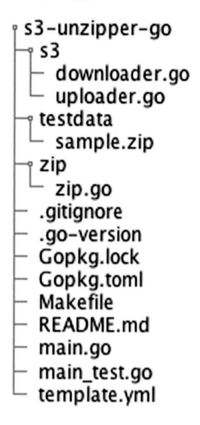

ソースコード全体は次のGitHubのリポジトリにあります。

・https://github.com/toshi0607/s3-unzipper-go

2.4 ソースコード

まずLambdaのロジックを準備します。ソースコードの全文を掲載し、処理的に特徴がある箇所はソースコード上にコメントを記入しています。

本書ではgo1.11.2を利用するため、プロジェクトのルートで次のコマンドを実行して.go-versionを作成してください。

```
$ goenv local 1.11.2
```

main.goはLambdaの実行環境から呼び出す関数を含むエントリーポイントとなります。main関

数内のlambda.Startは引数にinterface{}をとりますが、aws-lambda-go[3]のソースコード上に次のようなコメントがあります。

```
// Rules:
//
//   * handler must be a function
//   * handler may take between 0 and two arguments.
//   * if there are two arguments, the first argument must satisfy the
"context.Context" interface.
//   * handler may return between 0 and two arguments.
//   * if there are two return values, the second argument must be an error.
//   * if there is one return value it must be an error.
//
// Valid function signatures:
//
//    func ()
//    func () error
//    func (TIn) error
//    func () (TOut, error)
//    func (TIn) (TOut, error)
//    func (context.Context) error
//    func (context.Context, TIn) error
//    func (context.Context) (TOut, error)
//    func (context.Context, TIn) (TOut, error)
//
// Where "TIn" and "TOut" are types compatible with the "encoding/json" standard
library.
// See https://golang.org/pkg/encoding/json/#Unmarshal for how deserialization
behaves
```

　context[4]からはLambdaの実行環境の情報（リクエストIDや実行時間など）が取得でき、TInからはトリガーとなったイベント情報が取得できます。

　プロジェクトのルートフォルダー、はGoの規約に則って$GOPATH/src/github.com/toshi0607/s3-unzipper-goのように作成してください。

　紙面の都合上、.goファイルのインデントが半角スペース×2になっていますが、goimports[5]などのフォーマッターでハードタブに変更してください。

3.https://github.com/aws/aws-lambda-go
4.https://docs.aws.amazon.com/ja_jp/lambda/latest/dg/go-programming-model-context.html
5.https://godoc.org/golang.org/x/tools/cmd/goimports

リスト2.1: s3-unzipper-go/main.go

```go
package main

import (
    "context"
    "log"
    "os"
    "strconv"
    "time"

    "github.com/aws/aws-lambda-go/events"
    "github.com/aws/aws-lambda-go/lambda"
    "github.com/aws/aws-lambda-go/lambdacontext"
    "github.com/aws/aws-sdk-go/aws"
    "github.com/aws/aws-sdk-go/aws/endpoints"
    "github.com/aws/aws-sdk-go/aws/session"
    // $GOPATH/src/github.com/toshi0607/s3-unzipper-go を
    // プロジェクトルートにした場合のパスです。
    // ご自身が作成したルートフォルダーのパスに合わせて変更してください。
    "github.com/toshi0607/s3-unzipper-go/s3"
    "github.com/toshi0607/s3-unzipper-go/zip"
)

const (
    tempArtifactPath = "/tmp/artifact/"
    tempZipPath      = tempArtifactPath + "zipped/"
    tempUnzipPath    = tempArtifactPath + "unzipped/"
    tempZip          = "temp.zip"
    dirPerm          = 0777
    // aws configureでDefault region nameがap-northeast-1に設定されている前提
    region           = endpoints.ApNortheast1RegionID
)

var (
    now              string
    // ZipファイルをダウンロードするLambda上のパス
    zipContentPath   string
    // Zipファイルを解凍するLambda上のパス
    unzipContentPath string
    // 解凍したファイルをアップロードするS3上のバケット
    destBucket       string
```

```go
)

func init() {
  destBucket = os.Getenv("UNZIPPED_ARTIFACT_BUCKET")
}

func main() {
  lambda.Start(handler)
}

// func (context.Context, TIn) error を利用しました。
// コンテキストからリクエストIDを取得し、S3アップロード時のイベントを利用するためです。
func handler(ctx context.Context, s3Event events.S3Event) error {
  if lc, ok := lambdacontext.FromContext(ctx); ok {
    log.Printf("AwsRequestID: %s", lc.AwsRequestID)
  }

  // s3Eventからはバケット名などが取得できます。
  // 詳細はソースコードの構造体定義を追ってみるのが早いでしょう。
  // https://github.com/aws/aws-lambda-go/blob/master/events/s3.go
  bucket := s3Event.Records[0].S3.Bucket.Name
  key := s3Event.Records[0].S3.Object.Key

  log.Printf("bucket: %s ,key: %s", bucket, key)

  if err := prepareDirectory(); err != nil {
    log.Fatal(err)
  }

  // AWSのサービス接続に必要な認証情報を初期化します。
  // クレデンシャルをaws.Config経由で明示的に指定しない場合は
  // ~/.aws/credentials が利用されます。
  // 詳細はソースコードのコメントを追うのが早いでしょう。
  // https://github.com/aws/aws-sdk-go/blob/master/aws/session/session.go#L97
  sess := session.Must(session.NewSession(&aws.Config{
    Region: aws.String(region)}),
  )

  downloader := s3.NewDownloader(sess, bucket, key, zipContentPath+tempZip)
  downloadedZipPath, err := downloader.Download()
  if err != nil {
```

```go
        log.Fatal(err)
    }

    if err := zip.Unzip(downloadedZipPath, unzipContentPath); err != nil {
        log.Fatal(err)
    }

    uploader := s3.NewUploader(sess, tempUnzipPath, destBucket)
    if err := uploader.Upload(); err != nil {
        log.Fatal(err)
    }

    log.Printf("%s unzipped to S3 bucket: %s", downloadedZipPath, destBucket)

    return nil
}

// Lambdaの実行環境では/tmpディレクトリに対する書き込みが可能です。
// ただし、512MBの制限があります。
// また、実行環境（コンテナ）はリクエストの頻度により
// 再利用されることもあれば新規に作られることもあるので
// tmp配下のファイルの存在を前提としない実装にすることが大事です。
func prepareDirectory() error {
    now = strconv.Itoa(int(time.Now().UnixNano()))
    zipContentPath = zipPath + now + "/"
    unzipContentPath = unzipPath + now + "/"

    if _, err := os.Stat(tempArtifactPath); err == nil {
        if err := os.RemoveAll(tempArtifactPath); err != nil {
            return err
        }
    }

    if err := os.MkdirAll(zipContentPath, dirPerm); err != nil {
        return err
    }
    if err := os.MkdirAll(unzipContentPath, dirPerm); err != nil {
        return err
    }

    return nil
```

}

　s3パッケージにはuploader.goとdownloader.goを置き、S3へのアップロードとダウンロード処理を記述します。

リスト2.2: s3-unzipper-go/S3/uploader.go

```go
package s3

import (
  "log"
  "os"
  "path/filepath"
  "strings"

  "github.com/aws/aws-sdk-go/aws"
  "github.com/aws/aws-sdk-go/aws/session"
  "github.com/aws/aws-sdk-go/service/s3/s3manager"
  "golang.org/x/sync/errgroup"
)

type Uploader struct {
  manager   s3manager.Uploader
  src, dest string
}

func NewUploader(s *session.Session, src, dest string) *Uploader {
  return &Uploader{
    manager: *s3manager.NewUploader(s),
    src:     src,
    dest:    dest,
  }
}

func (u Uploader) Upload() error {
  eg := errgroup.Group{}

  err := filepath.Walk(u.src,
    func(path string, info os.FileInfo, err error) error {
      if err != nil {
        log.Println(err)
        return err
```

```go
    }
    if info.IsDir() {
      return nil
    }
    // アップロードは並列処理のため goroutine を活用します。
    // また、並列に実行されるすべてのファイルアップロードの完了を待ち受け、
    // エラー処理を行うために errgroup を利用しています。
    eg.Go(func() error {
      file, err := os.Open(path)
      if err != nil {
        return err
      }
      defer file.Close()

      key := strings.Replace(file.Name(), u.src, "", 1)
      _, err = u.manager.Upload(&s3manager.UploadInput{
        Bucket: aws.String(u.dest),
        Key:    aws.String(key),
        Body:   file,
      })
      if err != nil {
        return err
      }
      return nil
    })
    return nil
  })

  if err := eg.Wait(); err != nil {
    log.Fatal(err)
  }

  if err != nil {
    log.Fatal(err)
  }

  return nil
}
```

リスト2.3: s3-unzipper-go/S3/downloader.go

```go
package s3

import (
  "log"
  "os"

  "github.com/aws/aws-sdk-go/aws"
  "github.com/aws/aws-sdk-go/aws/session"
  "github.com/aws/aws-sdk-go/service/s3"
  "github.com/aws/aws-sdk-go/service/s3/s3manager"
)

type Downloader struct {
  manager           s3manager.Downloader
  bucket, key, dest string
}

func NewDownloader(s *session.Session, bucket, key, dest string) *Downloader {
  return &Downloader{
    manager: *s3manager.NewDownloader(s),
    bucket:  bucket,
    key:     key,
    dest:    dest,
  }
}

func (d Downloader) Download() (string, error) {
  file, err := os.Create(d.dest)
  if err != nil {
    return "", err
  }
  defer file.Close()

  numBytes, err := d.manager.Download(file,
    &s3.GetObjectInput{
      Bucket: aws.String(d.bucket),
      Key:    aws.String(d.key),
    })

  if err != nil {
```

```
    return "", err
  }
  log.Println("Downloaded", file.Name(), numBytes, "bytes")

  return file.Name(), nil
}
```

zipパッケージには、Zipファイルの解凍処理を記述します。

リスト2.4: s3-unzipper-go/zip/zip.go

```
package zip

import (
  "archive/zip"
  "io"
  "os"
  "path/filepath"
)

func Unzip(src, dest string) error {
  r, err := zip.OpenReader(src)
  if err != nil {
    return err
  }
  defer r.Close()

  for _, f := range r.File {
    rc, err := f.Open()
    if err != nil {
      return err
    }
    defer rc.Close()

    path := filepath.Join(dest, f.Name)
    if f.FileInfo().IsDir() {
      os.MkdirAll(path, f.Mode())
    } else {
      f, err := os.OpenFile(
        path, os.O_WRONLY|os.O_CREATE|os.O_TRUNC, f.Mode())
      if err != nil {
        return err
```

```
        }
        defer f.Close()

        _, err = io.Copy(f, rc)
        if err != nil {
          return err
        }
      }
    }

    return nil
}
```

2.5 テスト

ここでのテストは、main.go内で実行するメインロジック（handler）を簡易実行するためという位置付けです。

テストの安定性や高速化の観点からネットワークアクセスを行わないのが理想ですが、ここではアップロード先のS3バケットをテスト内で作成・削除しています。

S3バケット名を環境変数で指定しているため、テストを実行する前に次の設定を行ってください。GitHubにある.envrc.sampleの.sampleを外して活用するのも良いでしょう。

環境変数で指定するバケット名は、グローバルでユニークである必要があります。

```
$ cd s3-unzipper-go # プロジェクトのルート（main.goと同じ階層）への移動
$ direnv edit .

# 設定したeditorで編集
# ZIPPED_ARTIFACT_BUCKET: シーケンスでいうS3①のバケット名を指定。
# UNZIPPED_ARTIFACT_BUCKET: シーケンスでいうS3②のバケット名を指定。
# どちらも下記は例のためご自身のものを入力してください。
export ZIPPED_ARTIFACT_BUCKET="zipped-artifact-20180930-toshi"
export UNZIPPED_ARTIFACT_BUCKET="unzipped-artifact-20180930-toshi"
```

リスト2.5: s3-unzipper-go/main_test.go

```
package main

import (
  "context"
  "os"
  "testing"
```

```go
    "github.com/aws/aws-lambda-go/events"
    "github.com/aws/aws-lambda-go/lambdacontext"
    "github.com/aws/aws-sdk-go/aws"
    "github.com/aws/aws-sdk-go/aws/session"
    "github.com/aws/aws-sdk-go/service/s3"
    "github.com/aws/aws-sdk-go/service/s3/s3manager"
)

// サンプルのZipファイルがtestdata配下に置いてある前提になっています。
// 適当なスクリーンショットなどをzip化して配置してください。
// こちらからZipファイルをダウンロードして利用していただいても結構です。
// https://github.com/toshi0607/s3-unzipper-go/blob/master/testdata/sample.zip
const (
    sampleFile = "sample.zip"
    testFile   = "testdata/" + sampleFile
)

var (
    srcBucket = os.Getenv("ZIPPED_ARTIFACT_BUCKET") + "-dev"
)

func TestHandler(t *testing.T) {
    events := events.S3Event{
        Records: []events.S3EventRecord{
            {
                S3: events.S3Entity{
                    Bucket: events.S3Bucket{Name: srcBucket},
                    Object: events.S3Object{Key: sampleFile},
                },
            },
        },
    }

    ctx := context.Background()
    lc := &lambdacontext.LambdaContext{
        AwsRequestID: "test request",
    }
    ctx = lambdacontext.NewContext(ctx, lc)

    err := handler(ctx, events)
    if err != nil {
```

```go
      t.Error(err)
    }
}

func setup() {
  sess := session.Must(session.NewSession(&aws.Config{
    Region: aws.String(region)}),
  )
  svc := s3.New(sess)

  destBucket = os.Getenv("UNZIPPED_ARTIFACT_BUCKET") + "-dev"
  for _, b := range []string{srcBucket, destBucket} {
    if !bucketExists(svc, b) {
      _, err := svc.CreateBucket(&s3.CreateBucketInput{
        Bucket: aws.String(b),
      })
      if err != nil {
        panic(err)
      }
    }
  }

  file, err := os.Open(testFile)
  if err != nil {
    panic(err)
  }
  defer file.Close()

  uploader := s3manager.NewUploader(sess)
  _, err = uploader.Upload(&s3manager.UploadInput{
    Bucket: aws.String(srcBucket),
    Key:    aws.String(sampleFile),
    Body:   file,
  })
  if err != nil {
    panic(err)
  }
}

func teardown() {
  sess := session.Must(session.NewSession(&aws.Config{
```

```go
      Region: aws.String(region)}),
  )
  svc := s3.New(sess)

  for _, b := range []string{srcBucket, destBucket} {
    iter := s3manager.NewDeleteListIterator(svc, &s3.ListObjectsInput{
      Bucket: aws.String(b),
    })

    if err := s3manager.NewBatchDeleteWithClient(svc).
      Delete(aws.BackgroundContext(), iter); err != nil {
      panic(err)
    }

    _, err := svc.DeleteBucket(&s3.DeleteBucketInput{
      Bucket: aws.String(b),
    })
    if err != nil {
      panic(err)
    }
  }
}

func bucketExists(svc *s3.S3, bucket string) bool {
  input := &s3.HeadBucketInput{Bucket: aws.String(bucket)}

  // エラーがなければバケットは存在するものとみなす簡易実装です。
  _, err := svc.HeadBucket(input)
  if err != nil {
    return false
  }

  return true
}

func TestMain(m *testing.M) {
  setup()
  exitCode := m.Run()
  teardown()
  os.Exit(exitCode)
}
```

テストを実行する前に次のファイルを準備し、dep ensureを実行してください。生成されたvendorディレクトリー内にライブラリーがダウンロードされ、プロジェクトからはそちらのライブラリーを参照します。

リスト2.6: s3-unzipper-go/Gopkg.toml

```
[[constraint]]
  name = "github.com/aws/aws-lambda-go"
  version = "1.4.0"

[[constraint]]
  name = "github.com/aws/aws-sdk-go"
  version = "1.15.10"

[[constraint]]
  branch = "master"
  name = "golang.org/x/sync"

[prune]
  go-tests = true
  unused-packages = true
```

ライブラリーのアップデートを行う場合は、Gopkg.tomlに記載されたライブラリーのversionを変更した上で再度dep ensureを実行してください。

2.6 デプロイ

AWSサービスへのデプロイにはsam-cliを利用します。

sam-cliでのデプロイを行うためには次の手順が必要です。

1. リソーステンプレートの定義
2. プロジェクトのビルド
3. 中間生成物保存用のS3バケットの準備
4. sam packageコマンドによるリソース定義の作成（テンプレートから変換）、S3への中間生成物アップロード
5. sam deployコマンドによるS3の中間生成物を利用したスタック（AWSサービス群）の作成

リソーステンプレートのファイル名は任意で拡張子はYAMLとJSONをサポートしていますが、本書ではtemplate.ymlとしています。プロジェクトで利用するAWSリソースを宣言的に指定できます。

SAMで使うテンプレートはAWS CloudFormation[6]のテンプレートを拡張し、Lambdaを利用す

---

[6] https://aws.amazon.com/jp/cloudformation/

るプロジェクトの定義を書きやすくした構文になっています。

ただ、sam packageコマンドではリソースの定義をCloudFormation用のテンプレートに変換したものを使用し、内部的にaws cloudformatinコマンドを実行します。そのため、記述に困った際はCloudFormationのドキュメントを参照してください。

リスト2.7: template.yml

```
AWSTemplateFormatVersion: 2010-09-09
Transform: AWS::Serverless-2016-10-31
Description: unzip uploaded zip file to another S3 bucket
# 環境変数はtemplate.yml内で直接記述せずにsam deployコマンドの引数として
# 渡すこともできます。
Parameters:
  ZippedArtifactBucket:
    Type: String
  UnzippedArtifactBucket:
    Type: String
Resources:
  Unzipper: # リソース名。他のリソースから参照できます。
    Type: AWS::Serverless::Function
    Properties:
      CodeUri:
        # 「artifactフォルダー配下のビルド済みの実行ファイルを利用する」という設定です。
        # ローカルだけでなく、S3のバケットも指定できます。
        artifact
      Handler:
        # artifact配下の実行ファイルの名前を指定します。
        unzipper
      Runtime:
        # Lambdaを記述する言語。他にnodejs6.10/8.10、java8、python2.7/3.6/3.7、
        # dotnetcore1.0(C#)/2.0(C#)/2.1(C#、PowerShell)、ruby2.5など。
        go1.x
      Timeout:
        # タイムアウトまでの時間を秒で指定します。
        # 設定しない場合、デフォルトの3秒になります。
        180
      Policies: # Lambdaから他のリソースを扱うための権限を設定します。
        - S3CrudPolicy:
            BucketName: !Ref ZippedArtifactBucket
        - S3CrudPolicy:
            BucketName: !Ref UnzippedArtifactBucket
      Environment:
```

```yaml
          Variables: # 環境変数を設定します。
            UNZIPPED_ARTIFACT_BUCKET: !Ref UnzippedArtifactBucket
        Tracing:
          # AWS X-Rayを有効化できます。複数のAWSリソースのトレーシングに便利です。
          Active
        Events: # Lambdaのトリガーとなるイベントを設定します。
          UploadedEvent:
            Type: S3
            Properties:
              Bucket: !Ref Zipped
              Events: s3:ObjectCreated:Put

  # CloudWatch Logsのロググループは定義しなくてもLambdaの初回実行時に作成されますが、
  # スタックの一部として管理するため明示的に定義します。
  # 定義せずに作成されるとスタックの削除時に一緒に削除されません。
  UnzipperLogGroup:
    Type: AWS::Logs::LogGroup
    Properties:
      # LogGroupNameを別の名前にしても、
      # この名前でロググループが作成されてそちらに書き込まれます。
      LogGroupName: !Sub /aws/lambda/${Unzipper}
      # ログは従量課金のため1日で消える設定にしていますが指定できる日数には制限があります。
      # - 参　考URL:https://docs.aws.amazon.com/AmazonCloudWatchLogs/latest/APIReference/API_PutRetentionPolicy.html#API_PutRetentionPolicy_RequestSyntax
      # 指定しなければ無制限です。
      RetentionInDays: 1

  # AWS::Serverless::Function以外は通常のCloudFormationの記法です。
  Zipped:
    Type: AWS::S3::Bucket
    Properties:
      BucketName: !Ref ZippedArtifactBucket

  Unzipped:
    Type: AWS::S3::Bucket
    Properties:
      BucketName: !Ref UnzippedArtifactBucket
```

　template.ymlを利用してデプロイを行うコマンドをMakefileに記述します。
　紙面の都合上インデントが半角スペース×2になっていますが、--parameter-overrides直下の2行以外はハードタブに変更してください。

リスト2.8: Makefile

```
STACK_NAME := stack-unzipper-lambda
TEMPLATE_FILE := template.yml
SAM_FILE := sam.yml

build:
	GOARCH=amd64 GOOS=linux go build -o artifact/unzipper
.PHONY: build

deploy: build
	sam package \
		--template-file $(TEMPLATE_FILE) \
		--s3-bucket $(STACK_BUCKET) \
		--output-template-file $(SAM_FILE)
	sam deploy \
		--template-file $(SAM_FILE) \
		--stack-name $(STACK_NAME) \
		--capabilities CAPABILITY_IAM \
		--parameter-overrides \
			ZippedArtifactBucket=$(ZIPPED_ARTIFACT_BUCKET) \
			UnzippedArtifactBucket=$(UNZIPPED_ARTIFACT_BUCKET)
.PHONY: deploy

delete:
	aws s3 rm "s3://$(ZIPPED_ARTIFACT_BUCKET)" --recursive
	aws s3 rm "s3://$(UNZIPPED_ARTIFACT_BUCKET)" --recursive
	aws cloudformation delete-stack --stack-name $(STACK_NAME)
	aws s3 rm "s3://$(STACK_BUCKET)" --recursive
	aws s3 rb "s3://$(STACK_BUCKET)"
.PHONY: delete

test:
	go test ./...
.PHONY: test
```

次のコマンドでデプロイできますが、S3バケット名はグローバルに一意である必要があること、--template-fileと--output-template-fileに指定するファイル名は任意であることに注意してください。

他に利用する環境変数もここで合わせてセットしましょう。

```
$ cd s3-unzipper-go # プロジェクトのルート（main.goと同じ階層）への移動
$ direnv edit .

# 設定したeditorで編集
# STACK_BUCKET: 中間生成物保存用のバケット名を指定。下記は例のためご自身のものを入力してくだ
さい。
export STACK_BUCKET="stack-bucket-for-lambda-unzipper-20180930-toshi"

$ aws s3 mb "s3://${STACK_BUCKET}" # 中間生成物保存用のバケットの作成
$ make deploy
```

実際にデプロイし、S3にファイルをアップロードして動作を確認してみてください。

ソースコード上で標準出力に出力した内容は、CloudWatchLogsで確認できます。

次のコマンドでCloudWatchのロググループ名を確認してください。さらにsaw watchコマンドを実行することでターミナル上でログが確認できるようになります。

```
$ saw groups
/aws/lambda/stack-unzipper-lambda-Unzipper-XXXXXXXXXXXX

$ saw watch /aws/lambda/stack-unzipper-lambda-Unzipper-XXXXXXXXXXXX
```

ターミナルで別ウィンドウを開き、Zipファイルをアップロードしてみてください。saw watchを実行中のウィンドウにLambdaの実行ログが流れるはずです。

```
$ aws s3 cp testdata/sample.zip "s3://${ZIPPED_ARTIFACT_BUCKET}"
```

2.7 削除

make deployで作成したプロジェクトは、aws cloudformation delete-stack --stack-name stack-unzipper-lambdaで削除できます。

ただし、S3の中身は空である必要があるため、事前にaws s3 rm s3://zipped-artifact --recursiveとaws s3 rm s3://unzipped-artifact --recursiveコマンドで削除しておきましょう。

中間生成物保存用のバケットはmake deployとは別に作成したので、こちらもバケットを空にしてから削除する必要があります。

本章での学習に使用したAWSサービスが不要になった場合は、次のコマンドで削除してください。

```
$ make delete
```

第3章 SNSとSQSによるファンアウト

3.1 概要

本章では、ファンアウトパターンを取り上げます。具体的には、S3バケットにファイルがアップロードされたことをトリガーにしてSNSでSQSとLambdaに通知し、さらにSQSはLambdaに通知して処理を実行し、Lambdaはまた別の処理を並列に実行するというものです。

ファンアウトパターン[1]はクラウドデザインパターンのひとつです。AWSのクラウドデザインパターンの解説ページでは次のように説明されています。

> 処理を呼び出すプロセスから直接各処理を呼び出すのではなく、間にノーティフィケーション（通知）コンポーネントとキューイングコンポーネントを入れることで、非同期かつ並列に処理が可能になる。処理を呼び出すプロセスは、通知先への通知の後に、処理を続行できる。また、通知先の処理については知っている必要がないため、処理を増やしたい場合も通知コンポーネントへの通知先登録を増せば対応できる。また、キューごとに処理を割り当てて動作させれば、並列に処理を実行できる。

本章では通知コンポーネントとしてSNSを、キューイングコンポーネントとしてSQSを採用しています。Lambdaでは、アップロードしたファイルの拡張子とファイル名をそれぞれログに出力するという簡易な処理を行っていますが、実際にはサムネイルの生成と画像解析とタグ付けなど、責務の異なる処理を並行処理するのに適したデザインパターンです。

Eメールなど、Slack以外の通知手段を増やしたいときには、他のコンポーネントに影響なくSNSのサブスクリプションを追加することで実現できます。

本章では次の項目を説明します。

・SQSの概要とLambdaとの関係
・SNSの概要とLambdaとの関係
・S3、SQS、SNS、Lambdaを含むプロジェクトのSAMのテンプレート記述方法
・クラウドデザインパターンのひとつであるファンアウトパターンの実装
・SlackのIncoming Webookの利用方法
・イベントデータ・イベント発行をJSONファイルを使って擬似的にテストする方法
・CloudFormationのトラブルシューティング方法

3.2 SQS

SQS（Amazon Simple Queue Service）[2]はAWSが提供するメッセージキューイングサービスで

---

[1].http://aws.clouddesignpattern.org/index.php/CDP:Fanout%E3%83%91%E3%82%BF%E3%83%BC%E3%83%B3
[2].https://aws.amazon.com/jp/sqs/

す。コンポーネント同士を分離し、スケールアウトをサポートします。

Lambdaは、2018年6月にSQSをイベントソースとして利用できるようになりました[3]。それまではサブスクライバー（SQSメッセージの受信側）がメッセージをポーリングし、処理済みのメッセージを明示的に削除する必要がありました。しかし、LambdaのサポートによりSQSのエンキューをトリガーにLambdaを起動し、Lambdaが正常に終了すればメッセージは自動的に削除してくれるようになりました。

ただし、トリガーとして対応しているキューは標準キューのみでFIFOキューは従来どおりのポーリングが必要です。FIFOキューは標準キューの改良版で、順序と1回のみの配信（最低1回ではない）が保証されていますが、スループットは標準キューに劣ります。ユースケースによって使い分けてください[4]。

また、明示的にポーリングしないとはいえ、内部的にはLambdaがポーリング（ロングポーリング）するため、APIコールに対する課金[5]がなくなるわけではないので注意しましょう。

Lambdaと連携して使用するに時には、特にビジビリティタイムアウト（可視性タイムアウト）[6]の概念を理解し、ビジビリティタイムアウトの時間とLambdaの実行時間を適切に設定する必要があります。SQSにエンキューされたメッセージは、サブスクライバーが受信するとインフライト状態になります。インフライト状態のメッセージは他のサブスクライバーから見えません。この見えない状態の時間制限が、ビジビリティタイムアウトです。ビジビリティタイムアウトの時間が過ぎたとき、メッセージを受信したサブスクライバーによりメッセージが削除されていない（サブスクライバー内での処理が失敗した）ときは、再び他のサブスクライバーから見えるようになります。

Lambdaにおいては5分を上限とするタイムアウトを設定することができます。もし、このタイムアウトをビジビリティタイムアウトよりも長くしてしまうと、LambdaでSQSからのメッセージに応じた処理をしている最中にメッセージが可視状態に戻るので、メッセージが二重に処理される可能性があります。そのため、「ビジビリティタイムアウト＞Lambdaのタイムアウト」と設定してください。マネジメントコンソールでは誤った設定ができないようになっており、samコマンドでもエラーになるようにはなっていますが、template.ymlには記述できるので念頭に置いておいてください。

3.3 SNS

SNS（Amazon Simple Notification Service）[7]はAWSが提供するPub/Subメッセージングサービスです。メッセージはプッシュ型で、トピックをサブスクライブできるのはLambdaをはじめ次のとおりです。

・Lambda
・SQS

---

3. https://aws.amazon.com/jp/blogs/aws/aws-lambda-adds-amazon-simple-queue-service-to-supported-event-sources/
4. https://docs.aws.amazon.com/ja_jp/AWSSimpleQueueService/latest/SQSDeveloperGuide/FIFO-queues.html
5. https://aws.amazon.com/jp/sqs/pricing/
6. https://docs.aws.amazon.com/ja_jp/AWSSimpleQueueService/latest/SQSDeveloperGuide/sqs-visibility-timeout.html
7. https://aws.amazon.com/jp/sns/

・http/https
・Eメール
・SMS
・アプリケーション

本章ではLambdaとSQSがサブスクライブしています。

3.4 シーケンス

図3.1: シーケンス図

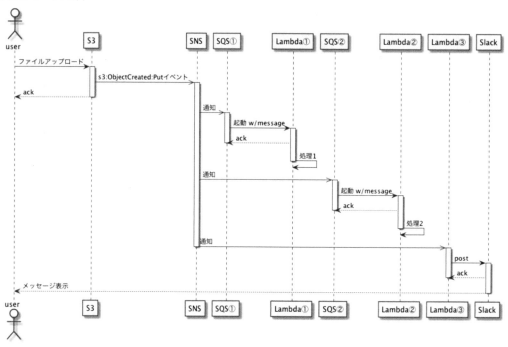

SNSからSQSとLambdaへの通知は、図上では順番に行われてるように見えてしまいますが、実際はほぼ同時に行われます。

3.5 フォルダー構成

図3.2: フォルダー構成

```
s3-sns-sqs-lambda-slack-go-sample
├─ handlers
│  ├─ notifier
│  │  ├─ slack
│  │  │  └─ slack.go
│  │  ├─ main.go
│  │  └─ main_test.go
│  ├─ write_ext
│  │  ├─ main.go
│  │  └─ main_test.go
│  ├─ write_file_name
│  │  ├─ main.go
│  │  └─ main_test.go
│  └─ testdata
│     └─ s3event.json
├─ .gitignore
├─ .go-version
├─ Gopkg.lock
├─ Gopkg.toml
├─ Makefile
└─ template.yml
```

ソースコード全体は次のGitHubのリポジトリにあります。

・https://github.com/toshi0607/s3-sns-sqs-lambda-slack-go-sample

3.6 ソースコード

本章では複数のLambdaを使用しています。handlerフォルダーの配下に役割別にフォルダーを切り、それぞれmain.goを記述してください。

本書ではgo1.11.2を利用するため、プロジェクトのルートで次のコマンドを実行して.go-versionを作成してください。

```
$ goenv local 1.11.2
```

プロジェクトのルートフォルダーは、Goの規約に則って$GOPATH/src/github.com/toshi0607/s3-sns-sqs-lambda-slack-go-sampleのように作成してください。

.goファイルが紙面の都合上インデントが半角スペース×2になっていますが、goimportsなどのフォーマッタでハードタブに変更してください。

write_extはSQS①から呼び出されるLambda①です。S3にアップロードしたファイルの拡張子をログに出力します。

リスト3.1: s3-sns-sqs-lambda-slack-go-sample/handlers/write_ext/main.go

```go
package main

import (
  "encoding/json"
  "log"
  "net/url"
  "path/filepath"
  "strings"

  "github.com/aws/aws-lambda-go/events"
  "github.com/aws/aws-lambda-go/lambda"
  "github.com/pkg/errors"
)

const s3PutEvent = "ObjectCreated:Put"

func main() {
  lambda.Start(handler)
}

func handler(sqsEvent events.SQSEvent) error {
  // sqsEventからはメッセージなどが取得できます。
  // 詳細はソースコードの構造体定義を追ってみるのが早いでしょう。
  // https://github.com/aws/aws-lambda-go/blob/master/events/sqs.go
  for _, message := range sqsEvent.Records {
    ext, err := getExtFromMessage(message)
    if err != nil {
      log.Fatal(err)
    }
    log.Printf("extension of the file is %s", ext)
  }

  return nil
}

func getExtFromMessage(e events.SQSMessage) (string, error) {
  log.Printf("SQS message: %s", e.Body)

  // SNSでS3のイベントを受け取り、SQSでSNSのメッセージを受け取るので
  // S3の発行するイベントが引き継がれます。
```

```go
  // SQSMessageのBody中にSNSのイベントが、SNSのメッセージの中にS3のイベントが
  // 丸々入っているので順番にデシリアライズしていきます。
  var snsEvent events.SNSEntity
  if err := json.Unmarshal([]byte(e.Body), &snsEvent); err != nil {
    return "", errors.Wrapf(err, "failed to unmarshal: %s", e.Body)
  }
  log.Printf("SNS message: %s", snsEvent.Message)

  var s3event events.S3Event
  // 初回デプロイ時にS3からイベント発行のテスト用メッセージが発行されます。
  // そのため、ファイルアップロードされたイベントのみ処理するために
  // イベント内容をチェックします。
  // 参考URL : https://docs.aws.amazon.com/ja_jp/AmazonS3/latest/dev/notification-content-structure.html
  if !strings.Contains(snsEvent.Message, s3PutEvent) {
    return "", nil
  }
  if err := json.Unmarshal([]byte(snsEvent.Message), &s3event); err != nil {
    return "", errors.Wrapf(err, "failed to unmarshal: %s", e.Body)
  }
  key, err := url.QueryUnescape(s3event.Records[0].S3.Object.Key)
  if err != nil {
    return "", errors.Wrapf(err, "failed to unescape file name: %s", s3event.Records[0].S3.Object.Key)
  }

  return filepath.Ext(key), nil
}
```

write_file_nameはSQS②から呼び出されるLambda②です。S3にアップロードしたファイル名をログに出力します。

リスト3.2: s3-sns-sqs-lambda-slack-go-sample/handlers/write_file_name/main.go

```go
package main

import (
  "encoding/json"
  "log"
  "net/url"
  "path/filepath"
  "strings"
```

```go
    "github.com/aws/aws-lambda-go/events"
    "github.com/aws/aws-lambda-go/lambda"
    "github.com/pkg/errors"
)

const s3PutEvent = "ObjectCreated:Put"

func main() {
    lambda.Start(handler)
}

func handler(sqsEvent events.SQSEvent) error {
    for _, message := range sqsEvent.Records {
        fn, err := getFileNameFromMessage(message)
        if err != nil {
            log.Fatal(err)
        }
        log.Printf("name of the file is %s", fn)
    }

    return nil
}

func getFileNameFromMessage(e events.SQSMessage) (string, error) {
    log.Printf("SQS message: %s", e.Body)

    var snsEvent events.SNSEntity
    if err := json.Unmarshal([]byte(e.Body), &snsEvent); err != nil {
        return "", errors.Wrapf(err, "failed to unmarshal: %s", e.Body)
    }
    log.Printf("SNS message: %s", snsEvent.Message)

    var s3event events.S3Event
    if !strings.Contains(snsEvent.Message, s3PutEvent) {
        return "", nil
    }
    if err := json.Unmarshal([]byte(snsEvent.Message), &s3event); err != nil {
        return "", errors.Wrapf(err, "failed to unmarshal: %s", e.Body)
    }
    key, err := url.QueryUnescape(s3event.Records[0].S3.Object.Key)
```

```
    if err != nil {
      return "", errors.Wrapf(err, "failed to unescape file name: %s",
s3event.Records[0].S3.Object.Key)
    }

  return filepath.Base(key[:len(key)-len(filepath.Ext(key))]), nil
}
```

　notifierは、SNSをサブスクライブしてSlackにメッセージをポストするLambda③です。Slack用のクライアントはパッケージを分けています。

　実際にSlackに投稿を行うには、Slackサイト上でIncoming Webhookを設定する必要があります。とてもシンプルな手順なので、Slack公式ドキュメント[8]の指示に従い設定を行ってください。

　また、テスト用のエンドポイント[9]も公式に用意されているので、とりあえずひととおり動かしたい場合は利用してください。

　環境変数は次のように設定します。GitHubにある.envrc.sampleの.sampleを外して活用していただいても結構です。

```
$ cd s3-sns-sqs-lambda-slack-go-sample # プロジェクトのルート（main.goと同じ階層）への
移動
$ direnv edit .

# 設定したeditorで編集
export WEBHOOK_URL=[Slackで発行するIncoming WebhookのURL]
export CHANNEL=[投稿先（URL発行時に指定したチャンネル以外でもOK）]
export USER_NAME=[投稿時のユーザー名]
export ICON=[投稿時の絵文字アイコン。「:innocent:」などを指定]
```

リスト3.3: s3-sns-sqs-lambda-slack-go-sample/handlers/notifier/main.go

```
package main

import (
  "log"
  "os"

  "github.com/aws/aws-lambda-go/events"
  "github.com/aws/aws-lambda-go/lambda"
  // $GOPATH/src/github.com/toshi0607/s3-sns-sqs-lambda-slack-go-sampleを
  // プロジェクトルートにした場合のパスです。
```

8.https://api.slack.com/incoming-webhooks
9.https://api.slack.com/methods/api.test

```go
    // ご自身が作成したルートフォルダーのパスに合わせて変更してください。
    "github.com/toshi0607/s3-sns-sqs-lambda-slack-go-sample/handlers/notifier/slack"
)

var client *slack.Client

func main() {
    lambda.Start(handler)
}

func init() {
    client = slack.NewClient(
        slack.Config{
            URL:       os.Getenv("WEBHOOK_URL"),
            Channel:   os.Getenv("CHANNEL"),
            Username:  os.Getenv("USER_NAME"),
            IconEmoji: os.Getenv("ICON"),
        },
    )
}

func handler(snsEvent events.SNSEvent) error {
    // snsEventからはメッセージなどが取得できます。
    // 詳細はソースコードの構造体定義を追ってみるのが早いでしょう。
    // https://github.com/aws/aws-lambda-go/blob/master/events/sns.go
    record := snsEvent.Records[0]
    snsRecord := snsEvent.Records[0].SNS
    log.Printf("[%s %s] Message = %s \n", record.EventSource, snsRecord.Timestamp, snsRecord.Message)

    if err := client.PostMessage(snsRecord.Message); err != nil {
        return err
    }

    return nil
}
```

リスト3.4: s3-sns-sqs-lambda-slack-go-sample/handlers/notifier/slack/slack.go

```go
package slack

import (
```

```go
    "bytes"
    "encoding/json"
    "fmt"
    "net/http"

    "github.com/pkg/errors"
)

type Client struct {
    httpClient *http.Client
    config     Config
}

type Config struct {
    URL       string
    Text      string `json:"text"`
    Username  string `json:"username"`
    IconEmoji string `json:"icon_emoji"`
    Channel   string `json:"channel"`
}

func NewClient(c Config) *Client {
    return &Client{
        httpClient: &http.Client{},
        config:     c,
    }
}

func (c Client) PostMessage(message string) error {
    c.config.Text = message
    p, _ := json.Marshal(c.config)

    req, err := http.NewRequest(
        "POST",
        c.config.URL,
        bytes.NewReader(p),
    )
    if err != nil {
        return errors.Wrap(err, "failed to build request")
    }
```

```
    req.Header.Set("Content-Type", "application/json")

    res, err := c.httpClient.Do(req)
    if err != nil {
      return errors.Wrap(err, "failed to send request")
    }
    if res.StatusCode >= 400 {
      return fmt.Errorf("failed to send messages. status code: %s", res.Status)
    }

    return nil
}
```

3.7 テスト

Lambda①用のテストです。S3へのアップロードイベントはJSONファイルを用意してテスト内で読み込んでいます。

実際に発行されるサンプルイベントは、AWS LambdaのSDK（aws-lambda-go）のイベントのテスト[10]にも利用されているので参考にするとよいでしょう。

リスト3.5: s3-sns-sqs-lambda-slack-go-sample/handlers/write_ext/main_test.go

```go
package main

import (
  "encoding/json"
  "io/ioutil"
  "testing"

  "github.com/aws/aws-lambda-go/events"
)

func TestHandler(t *testing.T) {
  inputJson := readJsonFromFile(t, "../../testdata/s3event.json")
  snsEvent := events.SNSEvent{
    Records: []events.SNSEventRecord{
      {
        SNS: events.SNSEntity{
          Message: string(inputJson)},
```

10.https://github.com/aws/aws-lambda-go/tree/master/events

```go
      },
    },
  }
  snsEventByte, err := json.Marshal(snsEvent)
  if err != nil {
    t.Errorf("error: %s", err)
  }

  sqsEvent := events.SQSEvent{
    Records: []events.SQSMessage{
      {
        Body: string(snsEventByte),
      },
    },
  }

  if err := handler(sqsEvent); err != nil {
    t.Errorf("error: %s", err)
  }
}

func readJsonFromFile(t *testing.T, inputFile string) []byte {
  inputJson, err := ioutil.ReadFile(inputFile)
  if err != nil {
    t.Errorf("could not open test file. details: %v", err)
  }

  return inputJson
}
```

Lambda②用のテストです。

リスト 3.6: s3-sns-sqs-lambda-slack-go-sample/handlers/write_file_name/main_test.go

```go
package main

import (
  "encoding/json"
  "io/ioutil"
  "testing"

  "github.com/aws/aws-lambda-go/events"
```

```go
)

func TestHandler(t *testing.T) {
  inputJson := readJsonFromFile(t, "../../testdata/s3event.json")
  snsEvent := events.SNSEvent{
    Records: []events.SNSEventRecord{
      {
        SNS: events.SNSEntity{
          Message: string(inputJson)},
      },
    },
  }
  snsEventByte, err := json.Marshal(snsEvent)
  if err != nil {
    t.Errorf("error: %s", err)
  }

  sqsEvent := events.SQSEvent{
    Records: []events.SQSMessage{
      {
        Body: string(snsEventByte),
      },
    },
  }

  if err := handler(sqsEvent); err != nil {
    t.Errorf("error: %s", err)
  }
}

func readJsonFromFile(t *testing.T, inputFile string) []byte {
  inputJson, err := ioutil.ReadFile(inputFile)
  if err != nil {
    t.Errorf("could not open test file. details: %v", err)
  }

  return inputJson
}
```

S3イベントのJSONファイルです。

リスト3.7: s3-sns-sqs-lambda-slack-go-sample/testdata/s3event.json

```json
{
  "Records": [
    {
      "eventVersion": "2.0",
      "eventSource": "aws:s3",
      "awsRegion": "ap-northeast-1",
      "eventTime": "1970-01-01T00:00:00.123Z",
      "eventName": "ObjectCreated:Put",
      "userIdentity": {
        "principalId": "EXAMPLE"
      },
      "requestParameters": {
        "sourceIPAddress": "127.0.0.1"
      },
      "responseElements": {
        "x-amz-request-id": "C3D13FE58DE4C810",
        "x-amz-id-2": "FMyUVURIY8/IgAtTv8xRjskZQpcIZ9KG\
4V5Wp6S7S/JRWeUWerMUE5JgHvANOjpD"
      },
      "s3": {
        "s3SchemaVersion": "1.0",
        "configurationId": "testConfigRule",
        "bucket": {
          "name": "sqs-sns-lambda-sample",
          "ownerIdentity": {
            "principalId": "EXAMPLE"
          },
          "arn": "arn:aws:s3:::sqs-sns-lambda-sample"
        },
        "object": {
          "key": "%E3%82%B9%E3%82%AF%E3%83%AA%E3%83%BC%E3%83%B3%E3%\
82%B7%E3%83%A7%E3%83%83%E3%83%88+2018-09-08+0.27.51.png",
          "size": 1024,
          "eTag": "d41d8cd98f00b204e9800998ecf8427e",
          "sequencer": "Happy Sequencer"
        }
      }
    }
  ]
}
```

Lambda③用のテストです。

リスト3.8: s3-sns-sqs-lambda-slack-go-sample/handlers/notifier/main_test.go

```go
package main

import (
  "testing"

  "github.com/aws/aws-lambda-go/events"
  "github.com/satori/go.uuid"
)

func TestHandler(t *testing.T) {
  snsEvent := events.SNSEvent{
    Records: []events.SNSEventRecord{
      {
        SNS: events.SNSEntity{
          MessageID: uuid.Must(uuid.NewV4(), nil).String(),
          Message:   "テストメッセージ",
        },
      },
    },
  }

  if err := handler(snsEvent); err != nil {
    t.Errorf("error: %s", err)
  }
}
```

　テストを実行する前に次のファイルを準備し、dep ensureを実行してください。生成されたvendorディレクトリー内にライブラリーがダウンロードされ、プロジェクトからはそちらのライブラリーを参照します。

リスト3.9: s3-sns-sqs-lambda-slack-go-sample/Gopkg.toml

```
[[constraint]]
  name = "github.com/aws/aws-lambda-go"
  version = "1.6.0"

[[constraint]]
  name = "github.com/pkg/errors"
  version = "0.8.0"
```

```
[[constraint]]
  name = "github.com/satori/go.uuid"
  version = "1.2.0"

[prune]
  go-tests = true
  unused-packages = true
```

3.8 デプロイ

2章より利用するサービスが増えた分、テンプレートの記述が複雑になっています。

リスト3.10: s3-sns-sqs-lambda-slack-go-sample/template.yml

```
AWSTemplateFormatVersion: 2010-09-09
Transform: AWS::Serverless-2016-10-31
Description: Fan out sample using AWS Lambda, SQS, SNS and Go
Parameters:
  WebhookURL:
    Type: String
  Channel:
    Type: String
  UserName:
    Type: String
  Icon:
    Type: String
  FileBucket:
    Type: String
Resources:
  WriteExtLambda: # Lambda①
    Type: AWS::Serverless::Function
    Properties:
      CodeUri: artifact
      Handler: write_ext
      Runtime: go1.x
      Timeout: 10
      Tracing: Active
      Events:
        SQSEvent:
          Type: SQS
          Properties:
```

```yaml
        Queue: !GetAtt ForExtLambdaQueue.Arn
      BatchSize: 10
WriteExtLogGroup:
  Type: AWS::Logs::LogGroup
  Properties:
    LogGroupName: !Sub /aws/lambda/${WriteExtLambda}
    RetentionInDays: 1

WriteFileNameLambda: # Lambda②
  Type: AWS::Serverless::Function
  Properties:
    CodeUri: artifact
    Handler: write_file_name
    Runtime: go1.x
    Timeout: 10
    Tracing: Active
    Events:
      SQSEvent:
        Type: SQS
        Properties:
          Queue: !GetAtt ForFileNameLambdaQueue.Arn
          BatchSize: 10
WriteFileNameLogGroup:
  Type: AWS::Logs::LogGroup
  Properties:
    LogGroupName: !Sub /aws/lambda/${WriteFileNameLambda}
    RetentionInDays: 1

NotifierLambda: # Lambda③
  Type: AWS::Serverless::Function
  Properties:
    CodeUri: artifact
    Handler: notifier
    Runtime: go1.x
    Timeout: 10
    Tracing: Active
    Events:
      SNSEvent:
        Type: SNS
        Properties:
          Topic:
```

```yaml
              Ref: S3FileTopic
        Environment:
          Variables:
            WEBHOOK_URL: !Ref WebhookURL
            CHANNEL: !Ref Channel
            USER_NAME: !Ref UserName
            ICON: !Ref Icon
    NotifierogGroup:
      Type: AWS::Logs::LogGroup
      Properties:
        LogGroupName: !Sub /aws/lambda/${NotifierLambda}
        RetentionInDays: 1

    SQSLambdaSample: # S3
      Type: AWS::S3::Bucket
      # 依存関係を明記しないと循環参照となりスタックが作成できないことがあります。
      # 参考URL:https://docs.aws.amazon.com/ja_jp/AWSCloudFormation/latest/UserGuide/aws-attribute-dependson.html
      # 依存関係を明記しないと循環参照となりスタックが作成できないことがあります*11。
      # Circular dependency between resourcesなどのエラーが発生する場合は明記してください。
      DependsOn: SNSTopicPolicy
      Properties:
        BucketName: !Ref FileBucket
        NotificationConfiguration:
          TopicConfigurations:
            - Topic: !Ref S3FileTopic
              Event: s3:ObjectCreated:Put

    ForExtLambdaQueue:# SQS①
      Type: AWS::SQS::Queue
      Properties:
        VisibilityTimeout: 20
        MessageRetentionPeriod: 60

    ForFileNameLambdaQueue: # SQS②
      Type: AWS::SQS::Queue
      Properties:
        VisibilityTimeout: 20
        # SQSにエンキューされたメッセージの保存期間を指定してします。
        # この方法もしくはメッセージの受信回数（RedrivePolicy）を指定しなければ、
        # エラー時にリトライし続けるので注意してください。
```

```yaml
      MessageRetentionPeriod: 60

# SQSがSNSをサブスクライブするためのポリシー
# SNS側からSQSを指定するだけでは権限が足りません。
SQSPolicy:
  Type: AWS::SQS::QueuePolicy
  Properties:
    PolicyDocument:
      Version: '2012-10-17'
      Statement:
        Effect: Allow
        Principal: "*"
        Action: sqs:*
        Resource: "*"
        Condition:
          StringEquals:
            aws:SourceArn:
              - !Ref S3FileTopic
    Queues:
      - !Ref ForExtLambdaQueue
      - !Ref ForFileNameLambdaQueue

S3FileTopic:
  Type: AWS::SNS::Topic
  Properties:
    # Lambdaがサブスクライブする場合はLambda側の設定だけでOKです。
    Subscription:
      - Endpoint: !GetAtt [ForExtLambdaQueue, Arn]
        Protocol: sqs
      - Endpoint: !GetAtt [ForFileNameLambdaQueue, Arn]
        Protocol: sqs
    TopicName: s3-file-topic
SNSTopicPolicy:
  Type: AWS::SNS::TopicPolicy
  Properties:
    Topics:
      - !Ref S3FileTopic
    PolicyDocument:
      Version: '2012-10-17'
      Statement:
        - Effect: Allow
```

```
          Action: sns:Publish
          Resource: !Ref S3FileTopic
          Condition:
            ArnLike:
              aws:SourceArn: !Sub "arn:aws:s3:::${FileBucket}"
          Principal:
            AWS: '*'
```

template.ymlを利用して、デプロイを行うコマンドをMakefileに記述します。

紙面の都合上インデントが半角スペース×2になっていますが、--parameter-overrides直下の5行以外はハードタブに変更してください。

リスト3.11: s3-sns-sqs-lambda-slack-go-sample/Makefile

```
STACK_NAME := stack-s3-sns-sqs-lambda-slack-go-sample
TEMPLATE_FILE := template.yml
SAM_FILE := sam.yml

build: build-write-ext build-write-file-name build-notifier
.PHONY: build

build-write-ext:
  GOARCH=amd64 GOOS=linux go build -o artifact/write_ext ./handlers/write_ext
.PHONY: build-write-ext

build-write-file-name:
  GOARCH=amd64 GOOS=linux go build -o artifact/write_file_name
./handlers/write_file_name
.PHONY: build-write-file-name

build-notifier:
  GOARCH=amd64 GOOS=linux go build -o artifact/notifier ./handlers/notifier
.PHONY: build-notifier

deploy: build
  sam package \
    --template-file $(TEMPLATE_FILE) \
    --s3-bucket $(STACK_BUCKET) \
    --output-template-file $(SAM_FILE)
  sam deploy \
    --template-file $(SAM_FILE) \
    --stack-name $(STACK_NAME) \
```

```
      --capabilities CAPABILITY_IAM \
      --parameter-overrides \
        WebhookURL=$(WEBHOOK_URL) \
        Channel=$(CHANNEL) \
        UserName=$(USER_NAME) \
        Icon=$(ICON) \
        FileBucket=$(FILE_BUCKET)
.PHONY: deploy

delete:
    aws s3 rm "s3://$(FILE_BUCKET)" --recursive
    aws cloudformation delete-stack --stack-name $(STACK_NAME)
    aws s3 rm "s3://$(STACK_BUCKET)" --recursive
    aws s3 rb "s3://$(STACK_BUCKET)"
.PHONY: delete

test:
    go test ./...
.PHONY: test
```

次のコマンドでデプロイできますが、S3バケット名はグローバルに一意である必要があること、--template-fileと--output-template-fileに指定するファイル名は任意であることに注意してください。

他に利用する環境変数もここで合わせてセットしましょう。

```
$ cd s3-sns-sqs-lambda-slack-go-sample # プロジェクトのルート (main.goと同じ階層) への移動
$ direnv edit .

# 設定したeditorで編集
# STACK_BUCKET：中間生成物保存用のバケット名を指定。
# FILE_BUCKET：シーケンスのS3のバケット名を指定。
# どちらも下記は例のためご自身のものを入力してください。
export STACK_BUCKET="stack-bucket-for-comp-sample-20180930-toshi"
export FILE_BUCKET="sqs-sns-lambda-sample-20180930-toshi"

$ aws s3 mb "s3://${STACK_BUCKET}" # 中間生成物保存用のバケットの作成
$ make deploy
```

実際にデプロイし、S3にファイルをアップロードして動作を確認してみてください。

ソースコード上で標準出力に出力した内容は、CloudWatchLogsで確認できます。

次のコマンドでCloudWatchのロググループ名を確認してください。さらに saw watch コマンド
を実行することで、ターミナル上でログが確認できるようになります。

```
$ saw groups
/aws/lambda/stack-s3-sns-sqs-lambda-slack-go-sa-WriteExtLambda-XXXXXXXXXXX
/aws/lambda/stack-s3-sns-sqs-lambda-slack-WriteFileNameLambda-XXXXXXXXXXX
/aws/lambda/stack-s3-sns-sqs-lambda-slack-go-sa-NotifierLambda-XXXXXXXXXXX

$ saw watch \
/aws/lambda/stack-s3-sns-sqs-lambda-slack-go-sa-WriteExtLambda-XXXXXXXXXXX &
$ saw watch \
/aws/lambda/stack-s3-sns-sqs-lambda-slack-WriteFileNameLambda-XXXXXXXXXXX &
$ saw watch \
/aws/lambda/stack-s3-sns-sqs-lambda-slack-go-sa-NotifierLambda-XXXXXXXXXXX &
```

ターミナルで別ウィンドウを開き、Zipファイルをアップロードしてみてください。saw watchを
実行中のウィンドウにLambdaの実行ログが流れるはずです。

```
$ aws s3 cp ./README.md "s3://${FILE_BUCKET}"
```

3.9 削除

make deployで作成したプロジェクトは aws cloudformation delete-stack --stack-name
stack-s3-sns-sqs-lambda-slack-go-sampleで削除できます。ただし、S3の中身は空である必
要があるため、事前に aws s3 rm s3://sqs-sns-lambda-sample --recursive コマンドで削除して
おきましょう。

中間生成物保存用のバケットはmake deployとは別に作成したので、こちらもバケットを空にし
てから削除が必要です。

特にデプロイ後からLambdaはSQSに定期的にアクセスして無料枠を消費していくので、使用し
ない場合は忘れずに make delete コマンドを実行するようにしてください。

CloudFormation トラブルシューティング

　利用するサービスが増え、依存関係が複雑になるとテンプレートに定義したプロジェクトのデプロイが一度で成功することは少なくなっていくはずです。

　テンプレートの構文に間違いがあれば sam package コマンド実行時にエラーになります。しかし、構文上は正しいものの依存関係が定義されずリソースが構築できないなどの場合は sam deploy 実行開始後しばらくしてからエラーが表示され、スタックを削除しない限り sam deploy を再実行できません。

　そのときによく使うのが aws cloudformation コマンドです。

　エラー発生時には aws cloudformation describe-stack-events コマンド[11]でスタックの生成ログをたどり、エラーを探します。

```
$ aws cloudformation describe-stack-events --stack-name [stack name] | grep -2
'"ResourceStatus": "UPDATE_FAILED"'
$ aws cloudformation describe-stack-events --stack-name [stack name] | grep -2
'"ResourceStatus": "CREATE_FAILED"'
```

とすると、ResourceStatusReasonという項目で出力されるエラーの原因を見つけることができるでしょう。
テンプレートを修正した上で aws cloudformation delete-stack コマンドを実行し、再度 sam コマンドを実行してください。

11.https://docs.aws.amazon.com/cli/latest/reference/cloudformation/describe-stack-events.html

第4章　API GatewayとDynamoDBを使ったURL短縮サービス

4.1　概要

本章では短縮URLを生成するサービスをAPI Gateway、DynamoDB、Lambdaを使って開発します。

Lambdaについては、ふたつの機能を開発します。ひとつはリクエストを受け取って短縮URL（の短縮された部分）を生成してDynamoDBに保存し、もうひとつは短縮URLでリクエストを受け付けて元のURLにリダイレクトさせるものです。

リクエストはAPI Gatewayで受け付け、リクエストパスとHTTPメソッドで振り分けます。

本章では次の項目を解説します。

・API Gatewayの概要とLambdaとの関係
・DynamoDBの概要とLambdaとの関係
・API Gateway、DynamoDB、Lambdaを含むプロジェクトのSAMのテンプレート記述方法
・DynamoDB localの設定と利用方法
・SAMを利用したDynamoDBのテーブル定義変更
・aws-sam-cliを利用したLambdaとAPI Gatewayのローカル実行

4.2　API Gateway

Amazon API Gateway[1]は、AWSが提供するバックエンドシステムへのAPIを作成するためのサービスです。バックエンドはLambdaだけでなく、他のAWSサービスやHTTP（AWS以外でもパブリックに公開されているエンドポイントが存在するサービス）、Mockが選択できます。

本章では認証を行わないため、URLさえ知っていれば誰でもアクセスできる状態になります。次のようにAPI Gateway自体、もしくは別のAWSサービスやサードパーティのサービスを利用した認証方法が提供されているので、必要に応じて設定・実装してください。

・APIキー[2]
・Amazon Cognitoユーザープール[3]
・Lambdaオーソライザー[4]
・IAM[5]

---

1. https://aws.amazon.com/jp/api-gateway/
2. https://docs.aws.amazon.com/ja_jp/apigateway/latest/developerguide/api-gateway-api-usage-plans.html
3. https://docs.aws.amazon.com/ja_jp/apigateway/latest/developerguide/apigateway-integrate-with-cognito.html
4. https://docs.aws.amazon.com/ja_jp/apigateway/latest/developerguide/apigateway-use-lambda-authorizer.html
5. https://docs.aws.amazon.com/ja_jp/apigateway/latest/developerguide/permissions.html

・Auth0[6]

また、LambdaをバックエンドにAPIを開発する際にはリクエストとレスポンスのマッピングを理解する必要があります。API GatewayでリクエストをうけてLambdaにどう渡すか、Lambdaでの処理結果をAPI Gatewayで利用するにあたりどう渡すかという点です。

SAMを使ってデプロイを行う場合、API GatewayとLambdaの統合にはLambdaプロキシ統合[7]が利用されます。Lambdaプロキシ統合ではカスタムのマッピングを利用することもできますが、それ以外ではフォーマットに従うことでマッピングが完了します。

リクエストについては、次のようなフォーマットでLambdaの入力イベントに渡されます。

```
{
    "resource": "Resource path",
    "path": "Path parameter",
    "httpMethod": "Incoming request's method name"
    "headers": {Incoming request headers}
    "queryStringParameters": {query string parameters }
    "pathParameters":  {path parameters}
    "stageVariables": {Applicable stage variables}
    "requestContext": {Request context, including authorizer-returned key-value pairs}
    "body": "A JSON string of the request payload."
    "isBase64Encoded": "A boolean flag to indicate if the applicable request payload is Base64-encode"
}
```

また、LambdaからAPI Gatewayには次のフォーマットで出力を返す必要があります。

```
{
  "isBase64Encoded" : "boolean",
  "statusCode": "number",
  "headers": { ... },
  "body": "JSON string"
}
```

Lambda内でエラーハンドリングする際、エラーを返すとAPI Gatewayからクライアントへのレスポンスは常に`Malformed Lambda proxy response`となり、ステータスコードは502になります。handlerのインターフェース上、エラー発生時にはついerrorを返したくなりますが、本当に予期しないエラー発生時以外はLambdaからAPI Gatewayにエラーを返さないように注意してください。

6.https://auth0.com/docs/integrations/aws-api-gateway/custom-authorizers
7.https://docs.aws.amazon.com/ja_jp/apigateway/latest/developerguide/set-up-lambda-proxy-integrations.html

4.3 DynamoDB

Amazon DynamoDB[8]はAWSが提供するNoSQLデータベースサービスです。読み込み・書き込みのスペックを指定（購入）でき、スケーラビリティに優れます。

本章では、リレーショナルデータベースのサービス（RDS）を利用しません。これには理由があります[9]。

ひとつはDBへの同時接続の問題です。Lambdaへのリクエストが多いとき、同時実行制限数までLambdaのコンテナが作成、起動されます。それらから個別にDBにアクセスする際、DBの性能要件（CPU数、メモリー数）は接続に比例して大きくなっていきます。DBが無限にスケールアップできるなら別ですが、現実的には厳しいでしょう。

もうひとつはVPC内のリソースへのアクセスです。RDSはVPC内に作成する一方で、LambdaはデフォルトではVPC内のリソースにアクセスできません。これを解決するためにENIをセットアップするのに10〜30秒かかります。

これらの制約から、Lambdaから接続するデータベースはDynamoDBが推奨されます。

ただし、DBへの接続数をSQSやLambdaの同時実行数制御によりコントロールすることも可能です。もし流量制御してRDSに接続したい場合は、別途検討してみてください。

また、2018年8月にリリースされたAurora Serverless MySQLも一考の価値があるかもしれません。依然としてVPCアクセスや一時停止状態からの起動時間など超えるべきハードルはありますが、今後に期待できそうです。

本章ではDynamoDBにはデータの保存と照会だけにしか利用しませんが、Lambdaのトリガーとなるイベントを発行する機能もあります。テーブルに対してDynamoDB Streamsを有効にすると、テーブルに対して行われた更新をトリガーにLambdaを呼び出せます[10]。

8.https://aws.amazon.com/jp/dynamodb/
9.http://keisuke69.hatenablog.jp/entry/2017/06/21/121501
10.https://docs.aws.amazon.com/ja_jp/lambda/latest/dg/with-ddb.html

4.4 シーケンス

図 4.1: シーケンス図

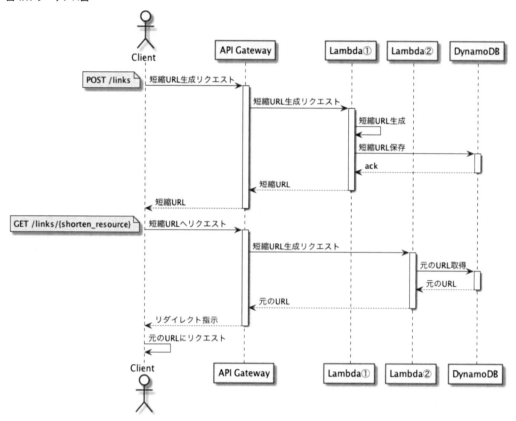

4.5 フォルダー構成

図4.2: フォルダー構成

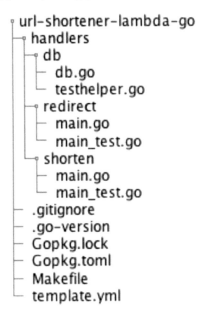

ソースコード全体はGitHubのリポジトリー[11]で公開しています。

4.6 ソースコード

本書ではgo1.11.2を利用するため、プロジェクトのルートで次のコマンドを実行して.go-versionを作成してください。

```
$ goenv local 1.11.2
```

プロジェクトのルートフォルダーはGoの規約に則って$GOPATH/src/github.com/toshi0607/url-shortener-lambda-goのように作成してください。

.goファイルが紙面の都合上インデントが半角スペース×2になっていますが、goimportsなどのフォーマッタでハードタブに変更してください。

まず短縮URLを生成するLambda①を実装します。API Gatewayへのリクエストがマッピングされたeventから短縮対象のURLを取り出し、短縮URLを生成してDynamoDBに保存しています。

11.https://github.com/toshi0607/url-shortener-lambda-go

リスト4.1: url-shortener-lambda-go/handlers/shorten/main.go

```go
package main

import (
  "encoding/json"
  "fmt"
  "net/http"
  "net/url"

  "github.com/aws/aws-lambda-go/events"
  "github.com/aws/aws-lambda-go/lambda"
  "github.com/pkg/errors"
  "github.com/teris-io/shortid"
  // $GOPATH/src/github.com/toshi0607/url-shortner-lambda-go を
  // プロジェクトルートにした場合のパスです。
  // ご自身が作成したルートフォルダーのパスに合わせて変更してください。
  "github.com/toshi0607/url-shortner-lambda-go/handlers/db"
)

type request struct {
  URL string `json:"url"`
}

type Response struct {
  ShortenResource string `json:"shorten_resource"`
}

type Link struct {
  ShortenResource string `json:"shorten_resource"`
  OriginalURL     string `json:"original_url"`
}

// グローバル変数でDBを定義しておくと、Lambdaがコンテナを再利用するときに
// DBインスタンスを再利用できます。
var DynamoDB db.DB

func init() {
  DynamoDB = db.New()
}

func main() {
```

```go
    lambda.Start(handler)
}

func handler(request events.APIGatewayProxyRequest) (
  events.APIGatewayProxyResponse,error) {
  p, err := parseRequest(request)
  if err != nil {
    return response(
      http.StatusBadRequest,
      errorResponseBody(err.Error()),
    ), nil
  }

  // 短縮URL自体はライブラリーで生成しています。
  shortenResource := shortid.MustGenerate()

  // "shorten"という文字列は予約されているため、もし生成された場合は作り直します。
  for shortenResource == "shorten" {
    shortenResource = shortid.MustGenerate()
  }
  link := &Link{
    ShortenResource: shortenResource,
    OriginalURL:     p.URL,
  }

  _, err = DynamoDB.PutItem(link)
  if err != nil {
    return response(
      http.StatusInternalServerError,
      errorResponseBody(err.Error()),
    ), nil
  }

  b, err := responseBody(shortenResource)
  if err != nil {
    // エラーが存在するときもreturnの第二引数でerrを返してはいけません。
    // エラーを返すとどんなステータスコードを返しても一律で502になります。
    return response(
      http.StatusInternalServerError,
      errorResponseBody(err.Error()),
    ), nil
```

```go
  }
  return response(http.StatusOK, b), nil
}

func parseRequest(req events.APIGatewayProxyRequest) (*request, error) {
  if req.HTTPMethod != http.MethodPost {
    return nil, fmt.Errorf("use POST request")
  }

  var r request
  err := json.Unmarshal([]byte(req.Body), &r)
  if err != nil {
    return nil, errors.Wrapf(err, "failed to parse request")
  }

  // ParseRequestURI は文字列を受け取り、URLにパースするメソッドです。
  // エラーなくパースできることで有効なURLとみなしています。
  // https://golang.org/src/net/url/url.go?s=13616:13665#L471
  _, err = url.ParseRequestURI(r.URL)
  if err != nil {
    return nil, errors.Wrapf(err, "invalid URL")
  }

  return &r, nil
}

func response(code int, body string) events.APIGatewayProxyResponse {
  // Lambda プロキシ統合のレスポンスフォーマットに沿った構造体が
  // aws-lambda-goで定義されています。
  return events.APIGatewayProxyResponse{
    StatusCode: code,
    Body:       body,
    Headers:    map[string]string{"Content-Type": "application/json"},
  }
}

func responseBody(shortenResource string) (string, error) {
  resp, err := json.Marshal(Response{ShortenResource: shortenResource})
  if err != nil {
    return "", err
  }
```

```
    return string(resp), nil
}

func errorResponseBody(msg string) string {
  return fmt.Sprintf("{\"message\":\"%s\"}", msg)
}
```

次は短縮URLでリクエストを受け付け、元のURLにリダイレクトさせるLambda②を実装します。

DynamoDBから元のURLを取得し、HTTPステータスコード308（Permanent Redirect）で返します。

リスト4.2: url-shortener-lambda-go/handlers/redirect/main.go

```
package main

import (
  "fmt"
  "net/http"

  "github.com/aws/aws-lambda-go/events"
  "github.com/aws/aws-lambda-go/lambda"
  // $GOPATH/src/github.com/toshi0607/url-shortner-lambda-go を
  // プロジェクトルートにした場合のパスです。
  // ご自身が作成したルートフォルダーのパスに合わせて変更してください。
  "github.com/toshi0607/url-shortner-lambda-go/handlers/db"
)

type Link struct {
  ShortURL string `json:"shorten_resource"`
  LongURL  string `json:"original_url"`
}

var DynamoDB db.DB

func init() {
  DynamoDB = db.New()
}

func main() {
  lambda.Start(handler)
}
```

```go
func handler(request events.APIGatewayProxyRequest) (
  events.APIGatewayProxyResponse, error) {
  r, err := parseRequest(request)
  if err != nil {
    return response(
      http.StatusBadRequest,
      errorResponseBody(err.Error()),
    ), nil
  }

  URL, err := DynamoDB.GetItem(r)
  if err != nil {
    return response(
      http.StatusInternalServerError,
      errorResponseBody(err.Error()),
    ), nil
  }
  if URL == "" {
    return response(
      http.StatusNotFound,
      "",
    ), nil
  }

  return events.APIGatewayProxyResponse{
    StatusCode: http.StatusPermanentRedirect,
    Headers: map[string]string{
      "location": URL,
    },
  }, nil
}

func parseRequest(req events.APIGatewayProxyRequest) (string, error) {
  // reqからはHTTPメソッドやクエリストリングパラメタなどが取得できます。
  // 詳細はソースコードの構造体定義を追ってみるのが早いでしょう。
  // https://github.com/aws/aws-lambda-go/blob/master/events/apigw.go
  if req.HTTPMethod != http.MethodGet {
    return "", fmt.Errorf("use GET request")
  }

  shortenResource := req.PathParameters["shorten_resource"]
```

```
    return shortenResource, nil
}

func response(code int, body string) events.APIGatewayProxyResponse {
  return events.APIGatewayProxyResponse{
    StatusCode: code,
    Body:       body,
    Headers:    map[string]string{"Content-Type": "application/json"},
  }
}

func errorResponseBody(msg string) string {
  return fmt.Sprintf("{\"message\":\"%s\"}", msg)
}
```

DynamoDBの操作はdbパッケージに切り出しています。

環境変数は次のように設定します。GitHubに上げてある.envrc.sampleの.sampleを外して活用しても結構です。

```
$ cd url-shortner-lambda-go # プロジェクトのルート（main.goと同じ階層）への移動
$ direnv edit .

# 設定したeditorで編集
# LINK_TABLE: DynamoDBのテーブル名を指定。
# REGION: AWSのリージョン名を指定。
export LINK_TABLE="link"
export REGION="ap-northeast-1"
```

リスト4.3: url-shortener-lambda-go/db/db.go

```
package db

import (
  "os"

  "github.com/aws/aws-sdk-go/aws"
  "github.com/aws/aws-sdk-go/aws/session"
  "github.com/aws/aws-sdk-go/service/dynamodb"
  "github.com/aws/aws-sdk-go/service/dynamodb/dynamodbattribute"
  "github.com/pkg/errors"
)
```

```go
var (
  LinkTableName = os.Getenv("LINK_TABLE")
  Region        = os.Getenv("REGION")
)

type DB struct {
  Instance *dynamodb.DynamoDB
}

type Link struct {
  ShortURL    string `json:"shorten_resource"`
  OriginalURL string `json:"original_url"`
}

func New() DB {
  sess := session.Must(session.NewSession(&aws.Config{
    Region: aws.String(Region)}),
  )

  return DB{Instance: dynamodb.New(sess)}
}

func (d DB) GetItem(i interface{}) (string, error) {
  item, err := d.Instance.GetItem(&dynamodb.GetItemInput{
    TableName: aws.String(LinkTableName),
    Key: map[string]*dynamodb.AttributeValue{
      "shorten_resource": {
        S: aws.String(i.(string)),
      },
    },
  })
  if err != nil {
    return "", errors.Wrapf(err, "failed to get item")
  }
  if item.Item == nil {
    return "", nil
  }

  link := Link{}
  err = dynamodbattribute.UnmarshalMap(item.Item, &link)
  if err != nil {
```

```go
    return "", errors.Wrapf(err, "failed to marshal item")
  }

  return link.OriginalURL, nil
}

func (d DB) PutItem(i interface{}) (interface{}, error) {
  av, err := dynamodbattribute.MarshalMap(i)
  if err != nil {
    return nil, err
  }
  input := &dynamodb.PutItemInput{
    Item:      av,
    TableName: aws.String(LinkTableName),
  }
  item, err := d.Instance.PutItem(input)
  if err != nil {
    return nil, err
  }

  return item, nil
}
```

testhelper.goはテスト内で利用するDBの設定を行うためのファイルです。

リスト4.4: url-shortener-lambda-go/db/testhelper.go

```go
package db

import (
  "github.com/aws/aws-sdk-go/aws"
  "github.com/aws/aws-sdk-go/aws/session"
  "github.com/aws/aws-sdk-go/service/dynamodb"
  "github.com/pkg/errors"
)

func TestNew() DB {
  sess := session.Must(session.NewSession(&aws.Config{
    Region:   aws.String(Region),
    Endpoint: aws.String("http://localhost:8000")}),
  )
```

```go
    return DB{Instance: dynamodb.New(sess)}
}

func (d DB) CreateLinkTable() error {
    cti := &dynamodb.CreateTableInput{
        AttributeDefinitions: []*dynamodb.AttributeDefinition{
            {
                AttributeName: aws.String("shorten_resource"),
                AttributeType: aws.String("S"),
            },
        },
        KeySchema: []*dynamodb.KeySchemaElement{
            {
                AttributeName: aws.String("shorten_resource"),
                KeyType:       aws.String("HASH"),
            },
        },
        ProvisionedThroughput: &dynamodb.ProvisionedThroughput{
            ReadCapacityUnits:  aws.Int64(5),
            WriteCapacityUnits: aws.Int64(5),
        },
        TableName: aws.String(LinkTableName),
    }

    _, err := d.Instance.CreateTable(cti)
    if err != nil {
        return err
    }

    desti := &dynamodb.DescribeTableInput{
        TableName: aws.String(LinkTableName),
    }
    if err := d.Instance.WaitUntilTableExists(desti); err != nil {
        return err
    }

    return nil
}

func (d DB) DeleteLinkTable() error {
    delti := &dynamodb.DeleteTableInput{
```

```go
    TableName: aws.String(LinkTableName),
  }
  _, err := d.Instance.DeleteTable(delti)
  if err != nil {
    return err
  }

  desti := &dynamodb.DescribeTableInput{
    TableName: aws.String(LinkTableName),
  }
  if err := d.Instance.WaitUntilTableNotExists(desti); err != nil {
    return err
  }

  return nil
}

func (d DB) LinkTableExists() (bool, error) {
  input := &dynamodb.ListTablesInput{}
  output, err := d.Instance.ListTables(input)
  if err != nil {
    return false, errors.Wrap(err, "failed to list tables")
  }
  if contains(output.TableNames, LinkTableName) {
    return true, nil
  }
  return false, nil
}

func contains(s []*string, e string) bool {
  for _, a := range s {
    if a == nil {
      continue
    }
    if *a == e {
      return true
    }
  }
  return false
}
```

4.7 テスト

テストはLambdaごとに実装しています。DBへのアクセスはデプロイしたサービスではなく、ローカルで実行でき、費用もかからないDynamoDB local[12]を利用します。

AWSのドキュメントではローカルにJARファイルをダウンロードしてセットアップしていく方法が説明されていますが、AWSからDockerイメージ[13]が提供されているため本書ではそちらを利用します。

次のコマンドを実行するとDockerイメージを取得し、DynamoDB localを起動できます。

ただし、テーブルの作成、削除待ち処理が正確にハンドリングされず不安定です。あくまでもテスト実装と割り切るか、必要に応じてテスト用に立ち上げたDynamoDBを利用してください。

```
$ docker pull amazon/dynamodb-local
$ docker run -p 8000:8000 amazon/dynamodb-local
```

テストはLambda①、Lambda②それぞれに対して記述します。

リスト4.5: url-shortener-lambda-go/handlers/shorten/main_test.go

```go
package main

import (
  "fmt"
  "net/http"
  "os"
  "testing"

  "github.com/pkg/errors"
  "github.com/aws/aws-lambda-go/events"
  // $GOPATH/src/github.com/toshi0607/url-shortner-lambda-go を
  // プロジェクトルートにした場合のパスです。
  // ご自身が作成したルートフォルダーのパスに合わせて変更してください。
  "github.com/toshi0607/url-shortner-lambda-go/db"
)

const exitError = 1

func TestHandler(t *testing.T) {
  tests := []struct {
    url, method string
```

---

[12].https://docs.aws.amazon.com/ja_jp/amazondynamodb/latest/developerguide/DynamoDBLocal.html
[13].https://hub.docker.com/r/amazon/dynamodb-local/

```go
    status      int
  }{
    {"https://github.com/toshi0607/url-shortener-lambda-go", http.MethodPost, http.StatusOK},
    {"invalid URL", http.MethodPost, http.StatusBadRequest},
    {"invalid method", http.MethodGet, http.StatusBadRequest},
  }

  for _, te := range tests {
    res, _ := handler(events.APIGatewayProxyRequest{
      HTTPMethod: te.method,
      Body:       "{\"url\": \"" + te.url + "\"}",
    })

    if res.StatusCode != te.status {
      t.Errorf("ExitStatus=%d, want %d", res.StatusCode, te.status)
    }
  }
}

// 個々のテストケースの前にTestMainが実行されます。
// 冪等性を担保するためにhandler毎にテーブルの作成と削除を実行します。
func TestMain(m *testing.M) {
  if err := prepare(); err != nil {
    fmt.Println(err)
    os.Exit(exitError)
  }
  exitCode := m.Run()
  if err := cleanUp(); err != nil {
    fmt.Println(err)
    os.Exit(exitError)
  }
  os.Exit(exitCode)
}

func prepare() error {
  DynamoDB = db.TestNew()

  ok, err := DynamoDB.LinkTableExists()
  if err != nil {
    return errors.Wrap(err, "failed to check table existence")
```

```go
    }
    if ok {
      if err := DynamoDB.DeleteLinkTable(); err != nil {
        return errors.Wrap(err, "failed to delete link table")
      }
    }

    if err := DynamoDB.CreateLinkTable(); err != nil {
      return errors.Wrap(err, "failed to create link table")
    }

    return nil
}

func cleanUp() error {
    ok, err := DynamoDB.LinkTableExists()
    if err != nil {
      return errors.Wrap(err, "failed to check table existence")
    }
    if ok {
      if err := DynamoDB.DeleteLinkTable(); err != nil {
        return errors.Wrap(err, "failed to delete link table")
      }
    }

    DynamoDB = db.DB{}

    return nil
}
```

リスト 4.6: url-shortener-lambda-go/handlers/redirect/main_test.go

```go
package main

import (
  "fmt"
  "net/http"
  "os"
  "testing"

  "github.com/aws/aws-lambda-go/events"
  "github.com/pkg/errors"
```

```go
    // $GOPATH/src/github.com/toshi0607/url-shortner-lambda-go を
    // プロジェクトルートにした場合のパスです。
    // ご自身が作成したルートフォルダーのパスに合わせて変更してください。
    "github.com/toshi0607/url-shortner-lambda-go/db"
)

const exitError = 1

func TestHandler(t *testing.T) {
    tests := []struct {
        path, method string
        status       int
    }{
        {"xKlNKGomg", http.MethodGet, http.StatusPermanentRedirect},
        {"xKlNKGomg", http.MethodPost, http.StatusBadRequest},
        {"invalid path", http.MethodGet, http.StatusNotFound},
    }

    for _, te := range tests {
        res, _ := handler(events.APIGatewayProxyRequest{
            PathParameters: map[string]string{"shorten_resource": te.path},
            HTTPMethod:     te.method,
        })

        if res.StatusCode != te.status {
            t.Errorf("ExitStatus=%d, want %d", res.StatusCode, te.status)
        }
    }
}

type Link struct {
    ShortenResource string `json:"shorten_resource"`
    OriginalURL     string `json:"original_url"`
}

func TestMain(m *testing.M) {
    if err := prepare(); err != nil {
        fmt.Println(err)
        os.Exit(exitError)
    }
    exitCode := m.Run()
```

```go
    if err := cleanUp(); err != nil {
      fmt.Println(err)
      os.Exit(exitError)
    }
    os.Exit(exitCode)
}

func prepare() error {
    DynamoDB = db.TestNew()

    ok, err := DynamoDB.LinkTableExists()
    if err != nil {
      return errors.Wrap(err, "failed to check table existence")
    }
    if ok {
      if err := DynamoDB.DeleteLinkTable(); err != nil {
        return errors.Wrap(err, "failed to delete link table")
      }
    }

    if err := DynamoDB.CreateLinkTable(); err != nil {
      return errors.Wrap(err, "failed to create link table")
    }

    link := &Link{
      ShortenResource: "xKlNKGomg",
      OriginalURL:     "https://example.com/",
    }
    _, err := DynamoDB.PutItem(link)
    if err != nil {
      return errors.Wrap(err, "failed to put item to link table")
    }
}

func cleanUp() error {
    ok, err := DynamoDB.LinkTableExists()
      if err != nil {
        return errors.Wrap(err, "failed to check table existence")
      }
    if ok {
      if err := DynamoDB.DeleteLinkTable(); err != nil {
```

```
      return errors.Wrap(err, "failed to delete link table")
    }
  }

  DynamoDB = db.DB{}

  return nil
}
```

テストを実行する前に次のファイルを準備し、dep ensureを実行してください。生成されたvendorディレクトリー内にライブラリーがダウンロードされ、プロジェクトからはそのライブラリーを参照します。

リスト4.7: url-shortener-lambda-go/Gopkg.toml

```
[[constraint]]
  name = "github.com/aws/aws-lambda-go"
  version = "1.6.0"

[[constraint]]
  name = "github.com/aws/aws-sdk-go"
  version = "1.15.35"

[[constraint]]
  name = "github.com/pkg/errors"
  version = "0.8.0"

[[constraint]]
  name = "github.com/teris-io/shortid"
  version = "1.0.0"

[prune]
  go-tests = true
  unused-packages = true
}
```

DynamoDB localが起動した状態でテストを実行すると成功するはずです。

4.8 デプロイ

template.ymlを記述します。

リスト4.8: url-shortener-lambda-go/template.yml

```yaml
AWSTemplateFormatVersion: 2010-09-09
Transform: AWS::Serverless-2016-10-31
Description: URL Shortener using API Gateway, DynamoDB and Lambda
Parameters:
  LinkTableName:
    Type: String
Resources:
  Shorten: # Lambda①
    Type: AWS::Serverless::Function
    Properties:
      CodeUri: artifact
      Handler: shorten
      Runtime: go1.x
      Policies: AmazonDynamoDBFullAccess
      Timeout: 10
      Tracing: Active
      Events:
        PostEvent:
          Type: Api
          Properties:
            Path: /links
            Method: post
      Environment:
        Variables:
          LINK_TABLE: !Ref LinkTableName
  ShortenGroup:
    Type: AWS::Logs::LogGroup
    Properties:
      LogGroupName: !Sub /aws/lambda/${Shorten}
      RetentionInDays: 1

  Redirect: # Lambda①
    Type: AWS::Serverless::Function
    Properties:
      CodeUri: artifact
      Handler: redirect
      Runtime: go1.x
      Policies: AmazonDynamoDBReadOnlyAccess
      Timeout: 10
      Tracing: Active
```

```yaml
      Events:
        GetEvent:
          Type: Api
          Properties:
            Path: /links/{shorten_resource}
            Method: get
      Environment:
        Variables:
          LINK_TABLE: !Ref LinkTableName
  RedirectGroup:
    Type: AWS::Logs::LogGroup
    Properties:
      LogGroupName: !Sub /aws/lambda/${Redirect}
      RetentionInDays: 1


  LinkTable: # DynamoDB
    Type: AWS::DynamoDB::Table
    Properties:
      TableName: !Ref LinkTableName
      AttributeDefinitions:
        - AttributeName: shorten_resource
          AttributeType: S
      KeySchema:
        - AttributeName: shorten_resource
          KeyType: HASH
      ProvisionedThroughput:
        ReadCapacityUnits: 1
        WriteCapacityUnits: 1

Outputs:
  ApiUrl:
    Description: "API endpoint URL for Prod environment"
    # API Gatewayのリソース識別名でなく、ServerlessRestApiで参照できます。
    Value: !Sub "https://${ServerlessRestApi\}.execute-api.\
      ${AWS::Region\}.amazonaws.com/Prod/links"
```

　サービスへのリクエストに必要なURLを出力しているのがポイントです。テンプレートでOutputsを指定するとCloudFormationのアウトプットタブに指定した内容が出力されます。コンソール上でも出力するために aws cloudformation describe-stacks コマンドを利用します。

　紙面の都合上インデントが半角スペース×2になっていますが、--parameter-overrides直下の1行以外はハードタブに変更してください。

リスト4.9: url-shortener-lambda-go/Makefile

```makefile
STACK_NAME := url-shortener-lambda-go
TEMPLATE_FILE := template.yml
SAM_FILE := sam.yml

build: build-shorten build-redirect
.PHONY: build

build-shorten:
    GOARCH=amd64 GOOS=linux go build -o artifact/shorten ./handlers/shorten
.PHONY: build-shorten

build-redirect:
    GOARCH=amd64 GOOS=linux go build -o artifact/redirect ./handlers/redirect
.PHONY: build-redirect

deploy: build
    sam package \
      --template-file $(TEMPLATE_FILE) \
      --s3-bucket $(STACK_BUCKET) \
      --output-template-file $(SAM_FILE)
    sam deploy \
      --template-file $(SAM_FILE) \
      --stack-name $(STACK_NAME) \
      --capabilities CAPABILITY_IAM \
      --parameter-overrides \
        LinkTableName=$(LINK_TABLE)
    echo API endpoint URL for Prod environment:
    aws cloudformation describe-stacks \
      --stack-name $(STACK_NAME) \
      --query 'Stacks[0].Outputs[?OutputKey==`ApiUrl`].OutputValue' \
      --output text
.PHONY: deploy

delete:
    aws cloudformation delete-stack --stack-name $(STACK_NAME)
    aws s3 rm "s3://$(STACK_BUCKET)" --recursive
    aws s3 rb "s3://$(STACK_BUCKET)"
.PHONY: delete

test:
```

```
go test -v ./...
```

次のコマンドでデプロイできますが、S3バケット名はグローバルに一意である必要があること、--template-fileと--output-template-fileに指定するファイル名は任意であることに注意してください。

他に利用する環境変数もここで合わせてセットしましょう。

```
$ cd url-shortner-lambda-go # プロジェクトのルート（main.goと同じ階層）への移動
$ direnv edit .

# 設定したeditorで編集
# STACK_BUCKET: 中間生成物保存用のバケット名を指定。
# FILE_BUCKET: シーケンスのS3のバケット名を指定。
# どちらも下記は例のためご自身のものを入力してください。
export STACK_BUCKET="stack-bucket-for-url-shortener-lambda-go-20180930-toshi"
export FILE_BUCKET="sqs-sns-lambda-sample-20180930-toshi"

$ aws s3 mb "s3://${STACK_BUCKET}" # 中間生成物保存用のバケットの作成
$ make deploy
```

実際にデプロイし、リクエストを送り動作を確認してみてください。

```
# 短縮URLを生成。URLはなんでも結構です。
$ curl \
-X POST https://yyyyyyyyyy.execute-api.ap-northeast-1.amazonaws.com/Prod/links \
-d '{"url":"http://toshi0607.com/"}'
xxxxxxxxx

# 元のURLへのリダイレクト。ブラウザーでアクセスするとよりわかりやすいです。
$ curl \
-i https://yyyyyyyyyy.execute-api.ap-northeast-1.amazonaws.com/Prod/links/xxxx
```

次のコマンドでCloudWatchのログを確認することもできます。

```
$ saw groups
/aws/lambda/url-shortener-lambda-go-Redirect-XXXXXXXXXXXX
/aws/lambda/url-shortener-lambda-go-Shorten-XXXXXXXXXXXX

$ saw watch /aws/lambda/url-shortener-lambda-go-Redirect-XXXXXXXXXXXX &
$ saw watch /aws/lambda/url-shortener-lambda-go-Shorten-XXXXXXXXXXXX &
```

ターミナルで別ウィンドウを開き、リクエストしてみてください。saw watchを実行中のウィン

ドウにLambdaの実行ログが流れるはずです。

```
$ curl \
-X POST https://yyyyyyyyyy.execute-api.[your region].amazonaws.com/Prod/links \
-d '{"url":"http://toshi0607.com/"}'
```

4.9 削除

make deployで作成したプロジェクトはaws cloudformation delete-stack --stack-name url-shortener-lambda-goで削除できます。

中間生成物保存用のバケットはmake deployとは別に作成したので、空にしてから削除が必要です。

本章での学習に使用したAWSサービスが不要になった場合は次のコマンドで削除してください。

```
$ make delete
```

DynamoDBのテーブル定義変更

SAMやCloudFormationを利用してDynamoDBの構成を管理するとき、AttributeDefinitionsやKeySchemaなどのテーブル定義を変更したくなった場合はどうすればよいでしょうか？試しにtemplate.ymlの該当箇所を変更してデプロイすると次のようなエラーが発生します。

```
CloudFormation cannot update a stack when a custom-named resource requires
replacing. Rename link and update the stack again.
```

エラー内容のとおり、リソースをいったん置き換える必要があります[14]。本章の例ではtemplate.ymlのTableNameをlink2などに変更した上で他の定義を変更してデプロイし、再びTableNameだけをlinkに戻してデプロイすると成功します。

ただし、この方法では変更前に保存していたデータは失われます。別のテーブルなどにデータを退避して移行するのもよいですが、デプロイ後は原則テーブル定義は（GSIなどを除き）変更できないと思った方がよく、実戦投入するは慎重に設計しましょう。

14.https://aws.amazon.com/jp/premiumsupport/knowledge-center/cloudformation-custom-name/

LambdaとAPI Gatewayのローカル実行

本書でのテストではLambdaのロジックのみをテストし、サービス全体の動作の確認は実際にデプロイしたサービスへのリクエストやファイルアップロードを通じて行ってきました。

aws-sam-cliにはデプロイだけでなく、Lambdaをローカル実行する機能があります。具体的には次のコマンドが実装されています[15]。

・start-api: Dockerを利用してLambdaをホストするHTTPサーバーを起動します。エンドポイントはAPI Gatewayで定義したものが使用されます。
・invoke: Lambdaを呼び出し、呼び出しが終わると終了します。
・start-lambda: Lambdaを継続呼び出しできる状態で起動させることができ、テストなどからInvoke API経由でLambdaを実行できます。
・generate-event: イベントソースから発行されるイベントの発行をシミュレーションできます。start-lambdaでLambdaを起動した状態で実行すればイベント（S3へのファイルアップロードやSNSの通知など）をトリガーにLambdaを実行する一連のフローがシミュレーションできます。

本章で構築したサービスをローカル実行してみましょう。

もし`make deploy`コマンドを実行していない場合は先に実行してください。API GatewayとLambdaはローカル実行しますが、DynamoDBはデプロイしたものにアクセスします。

次のコマンドを実行するとローカルでAPI GatewayとLambdaが起動します。

```
$ sam local start-api

# 短縮URLを生成。URLはなんでも結構です。
$ curl -X POST http://127.0.0.1:3000/links \
    -d '{"url":"http://toshi0607.com/"}'
xxxxxxxxx


# 元のURLへのリダイレクト。ブラウザーでアクセスするとよりわかりやすいです。
$ curl -i curl -i http://127.0.0.1:3000/links/xxxxxxxxx
```

---

[15] https://docs.aws.amazon.com/ja_jp/lambda/latest/dg/test-sam-cli.html

著者紹介

杉田 寿憲（すぎた としのり）

株式会社メルペイのバックエンドエンジニア。GoとGCPのマイクロサービスと闘争中。一緒に開発してくれる仲間を探しています。

◎本書スタッフ
アートディレクター/装丁：岡田章志＋GY
編集協力：飯嶋玲子
デジタル編集：栗原 翔

〈表紙イラスト〉
湊川 あい（みなとがわ あい）
フリーランスのWebデザイナー・漫画家・イラストレーター。マンガと図解で、技術をわかりやすく伝えることが好き。著書『わかばちゃんと学ぶWebサイト制作の基本』『わかばちゃんと学ぶGit使い方入門』『わかばちゃんと学ぶGoogleアナリティクス』が全国の書店にて発売中のほか、動画学習サービスSchooにてGit入門授業の講師も担当。マンガでわかるGit・マンガでわかるDocker・マンガでわかるUnityといった分野横断的なコンテンツを展開している。Webサイト：マンガでわかるWebデザイン http://webdesign-manga.com/
Twitter：@llminatoll

技術の泉シリーズ・刊行によせて
技術者の知見のアウトプットである技術同人誌は、急速に認知度を高めています。インプレスR&Dは国内最大級の即売会「技術書典」(https://techbookfest.org/)で頒布された技術同人誌を底本とした商業書籍を2016年より刊行し、これらを中心とした『技術書典シリーズ』を展開してきました。2019年4月、より幅広い技術同人誌を対象とし、最新の知見を発信するために『技術の泉シリーズ』へリニューアルしました。今後は『技術書典』をはじめとした各種即売会や、勉強会・LT会などで頒布された技術同人誌を底本とした商業書籍を刊行し、技術同人誌の普及と発展に貢献することを目指します。エンジニアの"知の結晶"である技術同人誌の世界に、より多くの方が触れていただくきっかけになれば幸いです。

株式会社インプレスR&D
技術の泉シリーズ　編集長　山城 敬

●お断り
掲載したURLは2018年12月1日現在のものです。サイトの都合で変更されることがあります。また、電子版ではURLにハイパーリンクを設定していますが、端末やビューアー、リンク先のファイルタイプによっては表示されないことがあります。あらかじめご了承ください。
●本書の内容についてのお問い合わせ先
株式会社インプレスR&D　メール窓口
np-info@impress.co.jp
件名に『『本書名』問い合わせ係』と明記してお送りください。
電話やFAX、郵便でのご質問にはお答えできません。返信までには、しばらくお時間をいただく場合があります。なお、本書の範囲を超えるご質問にはお答えしかねますので、あらかじめご了承ください。
また、本書の内容についてはNextPublishingオフィシャルWebサイトにて情報を公開しております。
https://nextpublishing.jp/

●落丁・乱丁本はお手数ですが、インプレスカスタマーセンターまでお送りください。送料弊社負担にてお取り替えさせていただきます。但し、古書店で購入されたものについてはお取り替えできません。
■読者の窓口
インプレスカスタマーセンター
〒101-0051
東京都千代田区神田神保町一丁目105番地
TEL 03-6837-5016／FAX 03-6837-5023
info@impress.co.jp
■書店／販売店のご注文窓口
株式会社インプレス受注センター
TEL 048-449-8040／FAX 048-449-8041

技術の泉シリーズ

GoとSAMで学ぶAWS Lambda

2018年12月28日　初版発行Ver.1.0（PDF版）
2019年4月12日　　Ver.1.1

著　者　杉田 寿憲
編集人　山城 敬
発行人　井芹 昌信
発　行　株式会社インプレスR&D
　　　　〒101-0051
　　　　東京都千代田区神田神保町一丁目105番地
　　　　https://nextpublishing.jp/
発　売　株式会社インプレス
　　　　〒101-0051　東京都千代田区神田神保町一丁目105番地

●本書は著作権法上の保護を受けています。本書の一部あるいは全部について株式会社インプレスR&Dから文書による許諾を得ずに、いかなる方法においても無断で複写、複製することは禁じられています。

©2018 Toshinori Sugita. All rights reserved.
印刷・製本　京葉流通倉庫株式会社
Printed in Japan

ISBN978-4-8443-9881-3

NextPublishing®

●本書はNextPublishingメソッドによって発行されています。
NextPublishingメソッドは株式会社インプレスR&Dが開発した、電子書籍と印刷書籍を同時発行できるデジタルファースト型の新出版方式です。https://nextpublishing.jp/